Фронтовая иллюстрация

独ソ戦車戦シリーズ
15

東部戦線の
ティーガー
~ロストフ、そしてクルスクへ

著者
マクシム・コロミーエツ
Максим КОЛОМИЕЦ

翻訳
小松徳仁
Norihito KOMATSU

監修
大里 元
Хажиме OOCAT

ТИГРЫ
НА ВОСТОЧНОМ
ФРОНТЕ
(от Ростова до Курской дуги)

大日本絵画
dainipponkaiga

目次　оглавление

- 2 ● 目次、原書スタッフ
- 3 ● **第1部**
  最初期のティーガー
  ПЕРВЫЕ «ТИГРЫ»
- 4 ● 第1部 序文　ВВЕДЕНИЕ
- 5 ● 最初期のティーガー
  ПЕРВЫЕ «ТИГРЫ»
- 43 ● **第2部**
  東部戦線のティーガー
  «ТИГРЫ» НА ВОСТОЧНОМ ФРОНТЕ
- 44 ● 第2部 序文　ВВЕДЕНИЕ
- 45 ● 第1章
  ティーガー戦車大隊の組織編成
  ОРГАНИЗАЦИЯ БАТАЛЬОНОВ ТАНКОВ «ТИГР»
- 57 ● 第2章
  戦闘損失はどう算定すべきか？
  БОЕВЫЕ ПОТЕРИ: КАК ИХ ПОДСЧИТАТЬ?
- 61 ● 第3章
  北カフカスでのティーガー
  «ТИГРЫ» НА СЕВЕРНОМ КАВКАЗЕ
- 78 ● 第4章
  ハリコフの戦い
  БОИ ПОД ХАРЬКОВОМ
- 94 ● 第5章
  新しい組織編制へ
  ПЕРЕХОД НА НОВУЮ ОРГАНИЗАЦИЮ
- 118 ● 第6章
  ツィタデレ作戦
  ОПЕРАЦИЯ «ЦИТАДЕЛЬ»
- 143 ● 第7章
  装甲と砲について
  НЕМНОГО О БРОНЕ И ПУШКЕ
- 49 ● カラー図版

原書スタッフ

発行所／有限会社ストラテーギヤKM
　　住所／ロシア連邦　127510　モスクワ市　ノヴォドミートロフスカヤ通り5-A　16階　1601号室
　　電話／7-495-787-3610　E-mail／magazine@front.ru　Webサイト／www.front2000.ru

著者／マクシム・コロミーエツ　　　　企画部長／N・ソボリコーヴァ
DTP／E・エルマコーヴァ　　　　　　美術編集／エフゲーニー・リトヴィーノフ
校正／R・コロミーエツ　　　　　　　製図／V・マリギーノフ
カラーイラスト／A・アクショーノフ　資料翻訳／ヤロスラフ・トムシン

■訳者及び日本語版編集部注は［　］内に記した。附記はすべて監修者が記述した。

第1部
最初期のティーガー

1

1：ティーガー試作初号車の全体。前方装甲板（引き揚げられた状態）と河川潜水渡渉時用のシュノーケル（エンジンや車内への給気用）がよくわかる。**潜水走行用装備は初期量産ティーガーの495両が装備した。**（ドイツ連邦公文書館所蔵、以下BAと略記）
附記：潜水装備を有する状態で生産された車両も、潜水走行試験が行なわれたのが1943年7月のことであり、それまでは装備があっても使用は禁止されていたものと思われる。また潜水走行を前線で一度でも実用したという"噂"すら聞かない。結局この潜水走行装備は計画倒れで、生産時の手間を増やしただけに過ぎなかった。

3

第1部 序文　ВВЕДЕНИЕ

　1941年5月、バイエルンの山荘(ベルクホーフ)における会議でヒットラーは、"重戦車こそドイツ戦車部隊の突撃兵力たるべきである"との重戦車に関する新たなコンセプトを提唱した。新型戦闘車両の開発はポルシェ社とヘンシェル社に委ねられており、両社は1937年から1941年の間にいくつかの重戦車の試作型を設計、テストした。

　1942年春には両社の重戦車のプロトタイプが完成し、それぞれPanzerkampfwagen VI, VK4501(P) Tiger(P)（ポルシェ社）とPanzerkampfwagen VI Ausf.B, VK3601(H) Tiger(H)（ヘンシェル社）の名称が付与された。同年4月の20日と21日に両車はヒットラーと第三帝国の指導部に披露され、翌5月にはベルク演習場でテストが実施された。

　その結果、ドイツ国防軍の武装にはヘンシェル社の戦車が採用され、Pz.Kpfw.VI (Sd.Kfz.181) Tiger Ausf. H1の制式名が付けられた。

　1942年7月末、ヘンシェル社のカッセル工場で新型重戦車の量産が始まり、8月から9月初頭の間に最初のティーガー戦車9両が工場から出荷された。これらの車両（車台番号は250002〜250010、250001は走行試験用車体）は西側の文献では"量産試作"と呼ばれ、後に製造されたティーガーとは一連の外見上の違いがあり、それにまた量産試作車両は全車が東部戦線に投入され、ほぼ全滅することになる。本稿ではこれら9両の量産試作ティーガーの歴史と戦闘運用をテーマとしている。読者諸兄からのご指摘や補足は弊社（ストラテーギヤKM）にいただければ幸いである。

　執筆にご協力いただいたロシア中央軍事博物館のスヴェトラーナ・アンドレーエヴァ、エレーナ・グムイラ、アンドレイ・クラピヴノフの各氏に謝意を表したい。また、資料の収集と整理に助力を惜しまなかった友人のイリヤー・ペレヤスラフツェフ氏には厚くお礼を申し上げたい。

監修者より
　※ティーガー戦車は制式なサブタイプが存在するわけではありませんが、便宜上、生産時期による変化、特に外観上の特徴により"極初期型""初期型""中期型""後期型""最後期型"に分けることが定着しています。しかし"〜型"という用語を用いるとそのようなサブタイプが存在するかのような誤解を与えるため最近では"〜型"ではなく"〜仕様"と言い換えて表記しているケースも見受します。本書では"〜仕様"という表記を採っています。
　また"極初期仕様"としてまとめられる場合の多い生産開始直後の車両（実戦運用試験のため前線に送られたティーガーを含む）のうち、原語で"предсерийными"（英語のpre-production）と表記されているものについては産業用語を対応させた"量産試作（車両）"の語を、"прототип"（英語のprototype）には"試作（車両）"、"первые"の場合には"最初期（車両）"という語を当てることとしました。

最初期のティーガー
ПЕРВЫЕ «ТИГРЫ»

2：ヘンシェル社工場の作業場に置かれたティーガー試作初号車両。1942年3月。本車には履帯防御用の前方装甲板（Vorpanzer）が取り付けられているが、後に廃止される。（BA）
附記：車体上部構造物側面の装甲には前後に切り欠きがあり、そこに板状の鋼材がはめ込まれ溶接止めされている。溶接痕については多くの出版物で触れられているが、その構造に関しては現時点では全く解明されていない。

　新型重戦車ティーガーのため新たな戦術組織——重戦車大隊（scwere Panzer-Abteilung、略して s.Pz.Abt.）が編成された。当初の編成定数によると、大隊は本部・補給中隊、2個戦車中隊、整備中隊の計4個中隊を有していた。そして独立部隊として独自に行動したり、他の兵団に付与されることになっていた。ティーガー戦車の乗員の養成と新部隊の編成のため、パーダーボルンに第500重戦車補充訓練大隊（schwere Panzer Ersatz- und Ausbildungs-Abteilung 500、PzErs-und Ausb.-Abt 500）が編成された。

　1942年5月、最初の2個のティーガー大隊、第501と第502重戦車大隊の編成が始まった。両大隊の訓練はオーアドルフ、プトロス、ファリングボステルで行なわれた。当初、ティーガーの乗員たちは実戦経験の有無にかかわらず志願者によって編成されている。

　第502重戦車大隊のX・マッテナ上等兵の日記にはこうある——「バムベルク、1942年。5月の第3週、第500補充訓練大隊の兵舎にロシアから戻った戦車兵たちが到着したが、ほかに軍学校を出た若い将校たち、病院を退院したての者らも来た。我が部隊は野戦郵便番号28201を受領し、戦車部隊の中でも最初に新型の究極戦車を使った任務に取りかからねばならなかった」。

　1942年の6月から7月にかけて大隊の隷下部隊は輸送車や特殊車両、18トン半装軌式牽引車Sd.Kfz.9、乗用車、その他の装備機材を受領した。しかし新型戦車はまだなかった。戦車中隊、本部中隊、

3：1942年8月、ファリングボステルで第502重戦車大隊（schwere Panzer-abteilung 502）が最初に受領したティーガー 4両のうちの1両（砲塔番号112）。(BA)
附記：後に標準装備となるサイド・フェンダーは未装備で、取り付け座金も付けられていない。また砲塔の雑具箱も装着されていない。

整備中隊、偵察小隊、その他の部隊も編成された。7月20日、第502重戦車大隊のすべての部隊はバムベルクからファリングボステルに移駐し、8月5日には大隊長のメルカー少佐が到着した。大隊の兵員たちと初めて顔を合わせた少佐は、「最初に新しいティーガーを敵に向け放つことになったことを誇りに思う」と語った。

　8月の19日と20日にファリングボステルに最初の戦車──4両のティーガーと数両のⅢ号戦車が届いた。乗員たちは勢い込んで新型戦車について学び、試運転と火器の試射に取りかかった。訓練は時間が足りなかったため、24時間態勢で進められた。最初のティーガーには、欠点と調整を要する部分が多かった。これらの問題を早急に取り除き新型戦車を前線に送るべく、ファリングボステルにはマイバッハ社とヘンシェル社から2名の技師が派遣されてきた。必要があれば、ティーガーの主任設計者であるE・アーデルスも協力することになった。しかしそれにもかかわらず、ティーガーの運用過程において、深刻な技術的障碍が発生し続けた。

　8月22日までにすべての準備が整い、第502重戦車大隊の将校たちはカジノで開かれた歓送会に集まった。そこの壁にはペンキで部隊標識のマンモスが描かれていた。

　翌朝、第1中隊（ティーガー 4両、Ⅲ号戦車数両）、本部中隊、そして整備中隊の半数が鉄道貨車に乗り込んだ。この時までに同大隊はさらに2両のティーガーを受領していたが、それらはまだ試乗と戦闘に向けた準備が済んでいなかった。貨車にティーガーを積載する際、乗員たちは大きな問題に直面した──戦車が鉄道の幅に収まるようにするには、外列の転輪を外し、戦闘用履帯（幅725mm）を

520mmの輸送用に交換せねばならなかったからである。このような作業はドイツ国防軍の戦車兵たちにとっては初めてのことで、多大な時間と労力を費やすこととなった。後に、充分訓練された乗員により良好な条件下であれば、履帯交換は25分間で行なうことができるようになっている。

8月29日の早朝、第502重戦車大隊の輸送団はムガー駅に到着した。下車したティーガーは10時ごろ、予め整備されていた駐車場に入った。そして1100時にはもう命令が届いた——友軍歩兵を射撃援護せよ！　戦闘準備のための時間は実質的になかった。乗員たちは武装と機器の状態をチェックするのがやっとであった。約半時間後、4両のティーガーが大隊長メルカー少佐（先頭車両に乗車）の指揮下、戦闘陣地に向けて発進した。指示目標に対してひとしきり砲撃を行なった後、ティーガー群がきびすを返したところ、ソ連軍の砲兵が砲火を開いた。ティーガーは小高い丘の手前まで来ると、そこで2両ずつ左右二手に分かれた。するとそのうちの1両が変速機の故障で進めなくなってしまった。それからやや遅れて別の1両からエンジン故障の連絡が入り、さらに10分後には3両目の戦車が故障するに至った。

このように、ティーガーの初陣は出撃した4両のうち3両が故障するという、技術的信頼性の低さを露呈する結果に終わったのである。新型戦車に対する将兵の失望は大きかった。

故障したティーガーの回収作業が夜間に始まった。ドイツ兵にとって幸いだったのは、ソ連軍指導部はこれがいったいどんな兵器なのか知らず、時たま小銃や機関銃の射撃をする以外は、実質的に回収作業を妨害しなかったことだ。

ティーガー戦車の回収には1両につき18トン牽引車を3両も必要とし、それも沼地をやっとの思いで引きずっていくような有り様だ

4：出征を控えた第502重戦車大隊の将校たち。1942年8月。前列中央で部隊標識であるマンモスの彫像を手にしているのが大隊長のメルカー少佐。（BA）

5：1942年8月、前線に向け出発するため、長物車（無蓋の平台貨車）へ積載する前にティーガー（砲塔番号113）の履帯交換作業が行なわれている。車体上部正面装甲の右舷端には第502重戦車大隊の部隊標識"鼻を持ち上げたマンモス"が白線で描かれているのがわかる。（BA）

6：ムガー地区で戦闘配置に就く第502重戦車大隊所属のティーガー。1942年9月初頭。（BA）
附記：これは戦闘配置に就いているのではなく、戦闘後に何らかの故障または損傷によって行動不能となった車両を回収しようとしているところ。U字シャックルに牽引用バーが取り付けられていることからもそう判断できる。またハッチが開いているので乗員は車外にいるのだろう。

7：第502重戦車大隊第1中隊本部所属のⅢ号戦車N型（砲塔番号102）。部隊標識のマンモスが砲塔側面ハッチの内側にも白ベタで小さく描かれている。（BA）

った。長時間の苦労の末、朝方までには何とか3両の戦車をすべて後方に送り届けることができた。

　"上"からの命令が下った——ティーガーは即刻修復し、戦闘運用に向けて準備を整えよ！　不具合なユニットは大至急ユンカースJu 52輸送機でドイツ本国のヘンシェル社の工場に送り返された。そして数日後には修理された部品が同じくJu 52によって前線に届けられた。

　第502重戦車大隊の整備兵にとっても戦車兵にとっても、9月の前半は故障したティーガーの修復作業に追われるばかりだった。この時に大隊は最初の人的損害も出した——9月1日、ソ連軍の砲弾が修理所に着弾、数名が死傷した。

　9月7日にはとうとう、ドイツの戦車兵たちが心配していた長雨

8：長物車上のティーガー（砲塔番号112）。1942年9月末、ムガー地区。砲塔にはⅢ号戦車用の雑具箱が取り付けられている。(BA)
附記：原キャプションでは「砲塔番号112」とあるがこれは「102」号車。バルケンクロイツは白縁のみのように見えるが、画像のコントラストを変えると黒い部分も塗られていることがわかる。本車は戦闘用履帯を履いていることに注意。

が降り出した。1942年8月のティーガー最初の戦闘運用の経験から、ロシア北西部の泥濘地の踏破性はかなり低いことが判明していたからだ。降り始めた雨は当然のこと、重量56トンの車両の足取りを軽くするはずはなかった。

9月15日までに故障した戦車はすべて修理された。9月21日に第502重戦車大隊の4両のティーガーと数両のⅢ号戦車は第170歩兵師団に分遣、帯同した（この時点までに大隊にはさらに3両のティーガーが到着していた）。これらの戦車は、トルトロヴォ町地区に半分包囲されたソ連ヴォルホフ方面軍第2突撃軍を相手に戦うことになった。第502重戦車大隊長のメルカー少佐は上層部に対し、雨後の地面は重戦車にとって踏破不能なものであることを訴えようとした。だが彼の反対意見はまるで聞き入れられず、ティーガーの攻勢参加の命令書は、あくまでその使用にこだわったA・ヒットラー自身の手によってサインされた。

9月22日、戦車隊は攻勢を始めたが、これは完全な失敗に終わった。あるⅢ号戦車は堤防を乗り越える際に転倒、他の数両のⅢ号戦車はソ連軍砲兵に撃破されて炎上した。また1両のティーガーは原因不明のエンストを起こし（戦闘後に操縦手が電気系統に故障発生と報告）、乗員は車両を遺棄した。やや後、この戦車は炎上している。乗員の誰かが戦車の回収は不可能と判断し、ハッチから手榴弾を投げ込んだことによる。残る3両のティーガーはソ連軍の砲撃の下、多少は前進できたが、沼地に入り行動不能となった。

数日後、砲兵と歩兵の支援を受けつつ、多大な困難を伴いながら

も3両の戦車は回収に成功した。より遠い場所で、より深く擱座したティーガーは、いかなる努力を傾けても引き揚げることはできなかった。しかもこの車両は常時ソ連軍の砲撃に晒されていた。

メルカー少佐と技術要員にとってこの戦車は頭痛の種となった。少佐はこの車両を爆破することを提案したが、それは国防軍総司令部（O.K.W.）によって却下された。O.K.Wは個々の部品に関してさえ敵が何らかの情報を得ることに神経を尖らせていたからである。このティーガーの運命についてはドイツ国防軍の最高幹部と、そしてA・ヒットラーまでもが気を揉んでいた。メルカー少佐は指示を受け取った——「戦車はいかなることがあっても敵の手に渡ってはならない」。

9月26日、第502重戦車大隊は前線から外された。第1中隊と整備兵たちはトスノ近郊に待機、本部中隊はガッチナから14km離れた森の中に隠れた。

10月15日、第502重戦車大隊はドイツ本国からさらに2両のティーガーを受領した。10月30日付けで大本営に送られた第502大隊に関する報告書にはこう書かれていた——「第502重戦車大隊の戦闘可能車両……ティーガー9両、Ⅲ号戦車18両。一部車両が修理中」。

O.K.Wは相変わらず沼に擱座した車両の爆破を禁じていたため、

9：第502重戦車大隊が保有していたⅢ号戦車L型9両のうちの1両。前面増加装甲の機銃マウント開口部左には"白いマンモス"が描かれている。1942年9月。（BA）
附記：主砲防盾の増加装甲が外されていることに注意。

10：第502重戦車大隊所属ティーガー用の予備部品を、ユンカースJu 52輸送機から荷下ろし作業しているところ。1942年9月。(BA)
附記：右の車両はクレーン搭載型18トン・ハーフトラック。

　1942年11月1日にメルカー少佐は大隊の技術要員たちと共に再度回収の可能性を検討してみることにした。しかし、彼らは56トンの車両の引き揚げは不可能と結論した。この内容の報告書が"上"にあげられた。それから3週間を経て、ようやくO.K.W.からの命令が届いた——車両を爆破せよ　11月24日と25日、ティーガーは光学機器や機銃、無線機、その他の備品を取り外した後に爆破された。
　11月21日にメルカー少佐は報告のため大本営に呼び戻された。ヒットラー、ゲーリング、ヨードル、その他のドイツ国防軍最高幹部たちの居並ぶ前で彼は、レニングラード地区における重戦車の運用は地勢条件が不適切なため間違いであると報告した。ところがゲーリングとヒットラーは第502重戦車大隊長の論拠は説得力がないと見なした。その結果、メルカー少佐は更迭され、第5戦車師団に

11：ムガー駅で貨車上に積載された第502重戦車大隊所属ティーガー。1942年9月。これらの車両は幅725mmの戦闘用履帯を付けて輸送されている。(BA)
附記：ティーガーを積載搬送可能な鉄道路線は重量の関係で制限があり、かつ使用される長物（平台）車も限定されていた。全備重量が50トンをはるかに超えるティーガーを積載できる貨車は大戦当時1種しかなく「SSyms」の種別記号で知られるものだけである。これは6軸の重量物専用平台車で最大積載重量は80トン、本体全長11.2mである。

12：1942年8月29日、最初の戦闘を終え撤収中の第502重戦車大隊所属ティーガー。この車両には、車体後部装甲に装備品取付金具はなく、砲塔の発煙弾筒が欠落しているが、取付基部金具は付けられている。（BA）
附記：車体後部には増設アンテナの装甲基部があり、車体側面にはスリット状の溶接痕、サイド・フェンダー座金も未装備である。量産試作車両のうちの1両である。画面右端に18トン牽引車の前輪が写っているが、これはティーガーを牽引する準備をしているところ。

異動させられた（メルカーは1943年1月22日に戦死：著者注）。

第502重戦車大隊の指揮官にはヴォルシェーガー大尉が新たに任命された。

G・グデーリアン装甲兵総監は自著『兵士の回想』の中で、ティーガーの運用の失敗はヒットラーの責任だと指摘している──「1942年9月、ティーガーは戦闘に突入した。第一次世界大戦の経験からすでに、新型兵器の開発には充分な忍耐をもって量産を待ち、それから後にこれらを一挙に大量に使用すべきであることは良く知られていたはずだ。ヒットラーもこのことは知っていながら、それでもできるだけ早く自分の一番の切り札を実際に使ってみたかったのである。ところが新型戦車にはまったく二次的な任務が課せられることになった──ペテルブルク［当時のレニングラード］近郊の、走行が困難な泥濘地の森の中で局地的な攻撃をするというものである。重戦車にとって可能だったのは、細い林道を一列縦隊になって進むことだけで、しかも林道に沿って配置された敵の対戦車砲の砲火を浴び続けることだった。そのため、回避しえたはずの損害が発生し、新型兵器の秘密が拙速に暴露され、結果的に爾後敵の不意を衝くことは不可能となってしまった」。

グデーリアンの見解にはA・シュペーア軍需相とドイツ国防軍のハルダー参謀総長も同感であった。総じて専門家たちは皆、レニングラード近郊の地勢はティーガーの運用にはまったく不向きであるとの意見で一致していた。それに、新型戦車の乗員たちは訓練がまだ充分ではなく、新兵器の不首尾な使用は歩兵にも、また第500重戦車補充訓練大隊で養成中の新たな戦車乗員たちにも深刻な心理的悪影響を及ぼすことになった。

1942年の冬になるまで、すなわち第502重戦車大隊の編成開始から6ヶ月を経てもなお、装備は不完全のままであった。レニングラード郊外で行動していたのは、編成定数のティーガーを持ち合わ

13、14：3両の18トン牽引車を使ってティーガー（写真12と同一車両）が後方に牽引輸送されている。2両目の牽引車のフェンダーには部隊標識の白いマンモスが見える（写真14）。（BA）

せていない第1中隊だけであった。ランゲ大尉率いる第2中隊が最初の2両のティーガーを手にしたのは、ようやく9月25日になってのことだったが、10月13日にはこれらの車両はレニングラード近郊の第1中隊に移されてしまった。12月21日から28日の間に第2中隊はようやく8両のティーガーを受領、スターリングラードへと送り出された（1943年1月、同中隊は第503重戦車大隊に第3中隊として編入された：著者注）。

1942年11月の末からはレニングラード近郊における積極的な戦闘活動は止み、第502重戦車大隊は後方に下げられ、戦闘車両の修理に当たった。12月に入ってO.K.W.の委員会が同大隊を訪れて戦闘訓練と戦車の状態を検閲した。

1943年1月12日、ソ連レニングラード方面軍とヴォルホフ方面軍の隷下部隊はレニングラード包囲網の解囲作戦を発動した。1月13日に第502重戦車大隊第1中隊の4両のティーガーと8両のⅢ号戦車が第96歩兵師団と協同でゴロドーク町地区の赤軍部隊に反撃を仕掛けた。ドイツ側のデータによると、この戦闘の結果、12両の

ソ連戦車が撃破されている。1月17日には2両のティーガーと1両のⅢ号戦車が第227歩兵師団に分遣された。

翌日の戦闘中に、第502重戦車大隊は1両のティーガーと4両のⅢ号戦車が撃破され、中隊長車のティーガー（砲塔番号100）は操縦手のミスによりスタックし、乗員たちは車両を遺棄した。

1月19日、ボルター曹長が乗っていたティーガーは、泥炭採取後にできた穴に落ち込んでしまい、爆破された。

1月の戦闘では第502重戦車大隊はさまざまに小部隊に分散され、当然のことながら、補給やティーガーの修理と回収に大きな問題を引き起こしていた点を指摘せねばならない。例えば1月24日、ティーガー111号車がムガーの北6キロメートルにある小川で立往生した。回収作業は三昼夜に渡り、主に夜間の摂氏マイナス25度からマイナス30度という気温の中でⅢ号戦車、18トン牽引車Sd.Kfz.9や各種機材を使って行なうはめになった。

1月の末までに第502重戦車大隊は兵員の損害が大きくなり、隊内に残った兵器は2両のティーガーと若干のⅢ号戦車のみとなった。大隊の将兵の士気は著しく低下した。戦車はどれも何らかの機械的不調と戦闘で受けた損傷を抱えていた。

1月31日、第502重戦車大隊本部は第26軍団参謀部に1月の戦闘

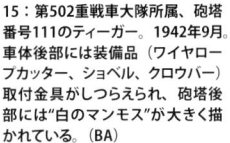

15：第502重戦車大隊所属、砲塔番号111のティーガー。1942年9月。車体後部には装備品（ワイヤーブカッター、ショベル、クロウバー）取付金具がしつらえられ、砲塔後部には"白のマンモス"が大きく描かれている。(BA)

附記：雑具箱は未装備で、砲塔左右後部（4時半、7時半方向）両方に短機関銃用装甲クラッペがある。その"窓"（開口部）がいずれも左舷向きである点に注意。車体後部右上に突出しているのは装甲された増設アンテナ基部。いわゆる量産試作車両に見受けられる特徴とされる。

16

17

16、17：1942年秋、第501重戦車大隊向けに、北アフリカへと輸送するため積載作業中のティーガー。車両には幅520㎜の輸送用履帯が装着され、最外列の転輪は取り外されている。車体天井部に取り付けられたライトがはっきりとわかる。時期を経て、サイドフェンダー、別形式のライト、ファイフェルフィルターを受領している。（ヤーヌシュ・マグヌスキー氏提供：以下、JMと略記）附記："別形式"のライトとは、車体正面装甲左右端に設置されたライトのことをいっているようだ。

18：ムガー地区の小川で立往生した（第502重戦車大隊の）ティーガー 111号車。1943年1月24日。この車両の回収には3日間を要した。本車はすでにⅢ号戦車用雑具箱を砲塔後部に装備し、冬季迷彩が施されている。（JM）

で全損となった戦車のリストを添えた報告書を送った——

「Pz.Kpfw.VI(H)　車台番号250003……1月17日、沼地にて行動不能、回収に失敗、爆破処理

Pz.Kpfw.VI(H)　車台番号250004……エンジンおよびラジエータの故障で遺棄

Pz.Kpfw.VI(H)　車台番号250005……対戦車砲弾が機関室に命中し全焼

Pz.Kpfw.VI(H)　車台番号250006……対戦車砲弾が砲塔に命中、変速機が損壊、1月17日に爆破処理

Pz.Kpfw.VI(H)　車台番号250009……沼地にて行動不能、遺棄

19：前線への途上にある第502重戦車大隊所属車両。1943年1月。冬季迷彩が施されている。（JM）
附記：『重戦車大隊記録集1』のキャプションによればラドガ戦の最中で、集結地点において燃料補給を受けるところらしい。

Pz.Kpfw.VI(H)　車台番号250010……T-34の砲撃により撃破、炎上し搭載弾薬が誘発（報告書にはティーガーのほかにⅢ号戦車L型とN型各5両の損失が記されている：著者注）。

　2月に入ると第502重戦車大隊には新たに6両のティーガーが加わり、同年6月初頭にはさらに7両が到着した。この時点で大隊に残っていた量産試作ティーガーは1両のみとなったが（車台番号は250008と思われる）、その後の運命について筆者は把握していない。さらにもう1両の最初期のティーガーが1943年3月末の戦闘で失われた。

　最初期のティーガーと外見上似ている車両が少なくとも1両、この年の秋に第501重戦車大隊に加わった。同車もまた、シャシー前部上面装甲が履帯の上にまで被さるものを溶断加工したもので、砲塔の雑具箱なども標準品ではない。しかしこのティーガーは北アフリカに送り出される前に改修され、第501大隊の他の車両と同じ姿になった。

　ところでソ連軍司令部はどうしていたのだろうか？　ドイツ軍の新型重戦車に関するデータをいつ入手したのだろうか？　筆者の手元にある公文書資料からすると、1943年の1月までは、赤軍はティーガーのことを知らなかったようだ。いずれにせよ、1942年秋のムガ近郊に新型戦車が登場したことは気づかれなかった様子である（ただし、ソ連の諜報機関はすでに新型重戦車に関する情報を持っていたが、それが軍に届いていなかった可能性もある）。

20：自分たちが乗るティーガーを背景に並んだ乗員たち。レニングラード地区、1943年2月。当時の第502重戦車大隊が所有するティーガーは5両のみで、それゆえこれらの車両はみな1桁の砲塔番号を記入していた。このティーガーは全面黒灰色（RAL 7021シュバルツグラウ〜当時の標準色）だが、これを帯状に塗り残すような白色迷彩が施されている。（JM）

21、22：第502重戦車大隊に残った、おそらく最後の量産試作ティーガー。1943年4月。砲塔番号は「2」が記入されている。車体には冬季迷彩のあとがはっきりと見て取れるが、正面装甲に部隊標識はない。(JM)

赤軍の手に落ちた最初のティーガーは、砲塔番号100の中隊長車であった。車両は1943年の1月18日に第5労働者町地区で鹵獲された。この出来事に居合わせ、ティーガーを最初に知った者たちのうちの2人の回想が興味深いのでここに紹介する。

V・シャリコフ中尉、第18狙撃兵師団技術偵察小隊長：

「1943年1月18日1200時には第5労働者町から敵は完全に駆逐された。ここではヴォルホフ方面軍第2突撃軍第18狙撃兵師団とレニングラード方面軍第67軍第136狙撃兵師団の戦士たちが喜びの出会いを果たした——レニングラードの包囲網が突破されたのだ。

我が軍の通信兵たちは通信線をつなぎ、工兵たちは町内の地面と残っている建物に地雷がないかどうかを調べて回った。半分壊れた鉄筋コンクリートの泥炭採掘自動化連邦研究所の試験工場の建物からはまだ煙が昇っていた。

シニャーヴィンスキエ高地に敗走したドイツ軍の残存部隊は、どうやらまだ防御陣地を占めておらず、それゆえ第5労働者町はまだ静かで、敵の地雷や砲弾の炸裂する音も聞こえなかった。

静寂は多くの者たちに錯覚を抱かせた。町の中に第18狙撃兵師団隷下連隊の指揮所が設置されていった。ところが、1400時になると敵は第5労働者町に対して火砲と迫撃砲とによる激しい砲撃を開始し、それは1時間続いた。敵の砲撃が止むと、町内にいた戦士たちは各自戦いの日常に引き戻された。

23：修理のため後方に送られる第502重戦車大隊のティーガー。起動輪を取り外した後の履帯の装着法が興味深い。1943年春。(JM)

24：写真21、22と同一車両。この写真から、砲塔後部に大型の雑具箱が取り付けられていたことがわかる。(JM)
附記：起動輪スポークと歯板取り付けボルトとの位置関係に注意してほしい。スポークの延長線上にボルトが付く配列は初期の、それもごく一部の車両（おそらく量産試作）にのみ適用されたものである。この配列では歯板交換時、工具の取り回しに不便だったらしく、スポークがボルト間に位置するよう変更された。

25：モスクワ郊外のクビンカで行なわれるテストの前に撮影されたティーガー100号車。1943年春。(ASKM)
附記：起動輪スポークと歯板取り付けボルトの配置は標準仕様になっている（写真24と比較してみてほしい）。

24

25

1600時を過ぎて、そろそろ宵が始まる頃、ピーリナヤ・メーリニッツァから第5労働者町につながる道路上に単独の戦車が姿を見せた。町の南西の外れまであと200メートルのところで、この戦車は右履帯で旋回し、地ならしされた道路から逸れて、雪に埋もれた側溝に右側から落ちた。この道路はレニングラード部隊が第5労働者町に向かって進撃した道であり、彼らは鋼鉄製の機関銃防護板を橇で引っ張ってきたので、我が軍の将兵はこの戦車を友軍、すなわちレニングラード方面軍のものと思い、注意を払わなかったのだ。戦車からは人が数人出てきたが、彼らのほうに我が軍の工兵と狙撃兵たちが足を向けた途端、この者たちは泥炭採掘場から第6労働者町の方向へと走り出した。我が軍の兵たちは彼らに向けて小銃を発砲したが、採掘場に積み上げられた泥炭と濃くなってきた夕闇が逃走者たちの逃走を助けた。工兵と狙撃兵たちは、砲口制退器の付いた長い砲を持つ見慣れない戦車に近づいた。砲塔には白の塗料で鼻を持ち上げたマンモスが描かれていたので、戦士たちはこれを"スロン"［ロシア語で象の意味］と呼んだ。戦車の両舷には4分割された十字があった。ハッチの開いた戦車はまったくの無傷で、塗装も剥げていなかった。私は技術偵察小隊長として、部下の一人にこの戦車に関する報告書を持たせて師団技師のK・K・クルピッツァ大尉のところへ向かわせ、自分自身は見たことのない戦車の調査を慎

26：赤軍部隊が鹵獲した最初のティーガー。1943年1月。砲塔番号は100で中隊長車である。車体には冬季迷彩のあとが見える。(ASKM)
附記：砲塔右後部にあるMPクラッペの"窓"の位置が、写真15の111号車とは違っている点に注意。

27：モスクワ市のゴーリキー記念文化保養中央公園での戦利兵器展に展示されたティーガーⅠ100号車。1943年6月。ジャシー前面装甲に固定された予備履帯と、上部正面装甲に溶接された"幸運の路鉄"がよくわかる。ジャシー前面装甲に固定された予備履帯と、ラー・イメージの履帯を履いていることに注意。ジャシー前面装甲に装備された予備履帯も見ての通り2種ある。(ASKM)

附記：初期のごく一部にしか使用されなかった左右三

28, 29：かなり希少な写真だ——量産試作のティーガーを俯瞰して撮影したところ。モスクワ市戦利兵器展、1943年6月。写真28ではⅣ号戦車に挟まれている様子が、また写真29では砲塔上面や機関室上部のレイアウトがはっきり見て取れる。(写真27と同一車両)(ASKM)
附記：ラジエーター・コンパートメントの吸気グリル上には、この時期すでに異物落下防止用のメッシュが装備されていたことがわかる。

重に始めた。車内には何かの書類のファイルがあった。注意を引いたのはゴシック体で書かれた氏名が入ったモロッコ革の赤いファイルだ。そのとき私はこれを車長のものであろうと思い、それを手に取った。到着した師団技師は戦車と押収した書類を検分し、書類はすべて師団参謀部諜報課のオフセエンコ大尉のところへ持っていくように命じた。やがて諜報員たちはこれらの文書から、戦車の中には乗員のほかに第227歩兵師団長が副官とともに搭乗していたことを突き止めた。

［ヴォルホフ方面軍第2突撃］軍参謀部からは、この戦車を警備し専門家の到着まで誰も近づけないようにとの命令が届いた」。

G・ヴォロビヨフ上級中尉、第98戦車旅団長技術補佐官：
「1943年1月のレニングラード包囲網突破の戦闘において我が第98独立戦車旅団は第18狙撃兵師団に帯同した。旅団の戦車は、第8労働者町の南1.5キロメートルのところを第5労働者町の中心部へ延びる狭軌鉄道の道床沿いに進む師団の前進を掩護していた。

1月の16日と17日、我が旅団の戦車兵たちは第18狙撃兵師団と協同で第5労働者町への近接路で粘り強く攻撃を繰り返したが、シニャーヴィンスキエ高地からの大口径砲の強力な支援を受けた敵の狂暴な抵抗のために毎回後退を余儀なくされていた。

1月18日にかけての夜間、旅団戦車は第18狙撃兵師団第424狙撃兵連隊のところへ転進させられた。この連隊が第5労働者町から北西の小さな林を占拠し、第1、第5労働者町をつなぐ狭軌鉄道と自

30：モスクワ市民と赤軍兵たちがティーガー100号車を見物しているところ。モスクワ市戦利兵器展、1943年6月。（ASKM）

31：100号車の左側面。モスクワ市戦利兵器展、1943年6月。砲塔左側面に雑具箱が取り付けられている。このように非正規な雑具箱を備えていたのはこの1両だけ

である。(ASKM)

附記：写真では判断しにくいかもしれないが、上部構造物側面の前後にはスリット状の溶接痕が確認でき、この車両が量産試作の中でも、原型車両用に用意された部材を流用したものということが推測できる。

32：100号車の右側面。車体の側面上部にはアンテナケースが、そして砲塔の右側面には雑具箱の固定金具が写っている。(ASKM)

附記：アンテナケースの口が車体後方に向けられている点に注意。標準生産になってからは口を前方に向けて固定される。なお、ケースのキャップは失われている。

33

33：100号車の後部。車体後面装甲板には増設アンテナ基部と木製ジャッキ台の固定金具の一部（排気管の右側）が見える。（ASKM）
附記：「木製ジャッキ台の固定金具」という表記があるが明らかな間違いで、アンテナ基部の下にあるのは15tジャッキ用の保持金具。

動車道を遮断したからだ。

　1月18日の朝に発起された第18狙撃兵師団隷下連隊による第5労働者町への攻撃は、第98戦車旅団の支援を北、東、南東の三方から受けて成功裏に終わり、我々はこの町を占拠して、その南西の外れでレニングラード方面軍第67軍第136狙撃兵師団の西から進撃してきた戦士たちとの合流を果たした。これによってレニングラード包囲網は突破され、敵はシニャーヴィンスキエ高地に敗走した。我が旅団は第5労働者町に集結した。旅団指揮所は町の中心に設置された。町内では修理作業が展開された。戦車兵たちはここに損傷した戦車を引っ張ってきた。燃料や弾薬、糧食が運び込まれ、負傷者たちが避難してきた。

　二日目の午後、すでに暗くなり始める頃、第5労働者町の南端に沿った道路上に、異様に長い砲を持つ大きな戦車が姿を見せた。何らかの原因で戦車の操縦手は、地ならしされた道路から右履帯で降りようとしたが、傾いて道路の端に車底がついて停まってしまった。中から人が数名出てきたが、我が軍の戦士たちが近づいていくと、彼らは第6労働者町のほうへ走りだした。やみくもな発砲が始まったが、夕闇と採掘場に積まれた泥炭の山のおかげで逃走者たちは逃げおせた。

　私もこの戦車のほうに駆けていき、開いていた操縦手ハッチに入り込み、すべてが無傷のままであることを発見した。ただし、操作

34：ティーガーを検分する赤軍戦車兵少将V・バダーノフ。モスクワ市戦利兵器展、1943年6月。これも100号車。（ASKM）

35：これも100号車。モスクワ市戦利兵器展、1943年6月。車体にはKw.k. 36戦車砲用の88mm砲弾が立てられている。砲防盾照準孔の上に（雨除けの）庇が付けられているのに注目。（ASKM）

盤の電気配線は切り裂かれていた。弾薬も完全なまま、自分の巣の中に横たわっていた。そして私は車両から出て戦車を外側から検分した。砲塔には鼻を持ち上げた象が白の塗料で描かれていた。私は巻尺で装甲の厚みと戦車の寸法、砲の口径と全長を測った。機関室にも入り込もうとしたが、エンジン上のハッチが26個もの鉄鉤で密閉されているようであり、手元に使えそうな鍵もなかった。この戦車に関して上官に報告、始動させることの許可を求めたが、自分たちの戦車の修復を命じられた。

『スロン』戦車の傍らに長身でやせぎすの戦車兵が現れ、戦車の調査を始めた。私は彼の手伝いをするよう命じられた。彼の頼みで、

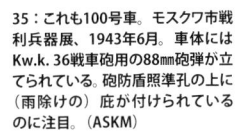

29

2両のT-34を使って『スロン』戦車を道路まで引っ張っていき、平坦な場所に据えた。そして専門家は私の手を借りながら長いこと調べまわった後、エンジン上部のハッチを開いた。エンジンは12気筒のガソリンエンジンで、シリンダーの円筒部の片側には何か高価な木の小箱があり、その中には点火用プラグが2本並んでいた。

専門家の頼みで『スロン』戦車は地面までズック布で覆われ、戦車の下に鉄製のストーブを置き、火を強く焚いて戦車を暖めた。戦車が充分暖まったとき、"自動始動"（圧縮空気）によって簡単にエンジンがかかった。1月20日を迎える夜に『スロン』は狭軌鉄道の道床を自走してポリャーナ駅まで行き、そこで貨車に載せられて後方に送られた。この戦車が移動する際、これを狙ってドイツ軍の砲兵がシニャーヴィンスキエ高地から激しい砲撃を行なっていた。ここで私の『スロン』戦車との出会いは終わった」。

戦車の中で押収された文書を基に、レニングラード方面軍機甲兵司令部は報告書を作成し、赤軍機甲総局へ送付し、そこからさらに戦車工業人民委員部に届けられた——

「第5労働者町地区で敵から捕獲したヘンシェル社製戦利戦車の性能データ概略
戦車の重量約75〜80t、全長6.25m、全幅3.8m、全高2.95m。前面装甲厚——110㎜、側面装甲厚——75㎜。兵装——88㎜砲1門、7.92㎜機銃2挺。戦車砲弾薬——86発。
戦車は次の損傷を負っている：
——操縦・変速装置の油圧機構が故障
——駆動機器の電気回路が損傷

36：砲塔後部に描かれていた第502重戦車大隊の部隊標識——鼻を持ち上げたマンモスのシルエット。（ASKM）

──計器板の始動キーが欠如
──オイルタンクが損傷
機甲兵司令官補給・修理・回収担当補佐官ゲラシーモフ大佐/署名」。

　この報告書には戦利ティーガーの車内で発見された走行日誌の翻訳も添付されていた。以下、戦車工業人民委員部宛に送られたこの文書のコピーを紹介しよう──

走行日誌 No.1（野戦郵便番号29373）自1942年08月30日〜至：ヘンシェル戦車、車台番号第250004号

走行日	積算走行距離	時間	走行目的	走行距離km
10月7日	274	7.45	教習走行	12
10月14日	286	10.15	教習走行	13
10月26日	299	7.30	教習走行	30
11月13日	329	13.00	教習走行	26
11月14日	355	13.30	教習走行	10
11月21日	365	10.30	ムガ〜ゴールィ行軍	24
11月27日	389	0800〜1430	ゴールィ〜ケリコロヴォ偵察	22
12月1日	411	0800〜1430	ゴールィ〜ケリコロヴォ偵察	35
12月14日	446	0800〜1330	ゴールィ〜ケリコロヴォ偵察	20

12月14日…燃料120ℓ受領　12月15日…燃料240ℓ受領　12月17日…燃料250ℓ受領
軍事通訳/署名不明　1943年1月25日作成

　ティーガー100号車はモスクワ郊外のクビンカ演習場に届けられ、そこでテストが行なわれた。その後この戦車はモスクワ市のゴーリキー記念中央文化保養公園で1943年6月22日に開幕した戦利兵器展に出展された。この年の末、このティーガーは再びクビンカに送られ、1947年までそこで保管され、その後スクラップ処分された。

　第5労働者町地区では赤軍部隊によってティーガー100号車とほぼ同時期にティーガー121号車（車台番号250009）も鹵獲された。この車両は一連の損傷箇所があり、走行はできなかったため、数日間戦場に遺棄されていた。その後回収されてクビンカに届けられた。1943年4月にこのティーガーからはあらゆる機器とエンジン、兵装が外され、車体と砲塔は各種口径の火砲により射撃された。

　1943年6月、射撃されたこの戦車の車体はモスクワ市ゴーリキー記念中央文化保養公園の戦利兵器展に出展された。同年秋に戦利兵器展に新しい兵器が出展されると、ティーガー121号車の車体と砲塔はスクラップにされた。

　鹵獲された最初期生産ティーガー2両の調査で、その構造ともっとも脆弱な箇所を露呈することになった。この調査に基づき、赤軍部隊ではティーガー対処法に関する種々の手引き書が多数発行された。その結果、1943年夏、秋の戦闘で赤軍の兵士たちがドイツの新型重戦車を相手に、巧妙に対処することが可能になったのである。

37：ティーガー戦車を視察検分する赤軍司令部の最高幹部たち──写真前列左からG・ジューコフソ連邦元帥、N・ヴォロノフ砲兵総元帥、K・ヴォロシーロフソ連邦元帥。(ASKM)

38：ティーガー100号車の前を通り過ぎるソ連の最高指導部──（写真中右から順に）J・スターリン、K・ヴォロシーロフ、L・ベリヤ、A・ミコヤン。(ロシア国立映画写真資料館所蔵：以下、RGAKFDと略記)

39：ティーガー100号車はモスクワ市戦利兵器展に展示された後、クビンカ演習場に運ばれた。この写真では、シャシー前面にあった予備履帯はすでに取り外されているのが分かる。矢印で示したU字形の部品は牽引ロープの固定具だったのではないかと思われる。(ASKM)

40

41

42

43

40～43：1943年の1月に赤軍部隊が鹵獲したティーガー121号車。冬季迷彩が施されていることがはっきりとわかる。この車両はⅢ号戦車の雑具箱を装備、車体後部装甲の排気管右側にハンマーの固定具があり、前面装甲板に（ティーガー100号車にはある）"幸運の蹄鉄"は付けられていない。右覆帯の前方には転輪から外れたゴムタイヤが落ちている。(ASKM)

附記：「排気管右側にハンマーの固定具」という説明があるが、写真に写っているのは初期車両に装備される15トンジャッキ。

44.鹵獲されたティーガー121号車。1943年1月。この車両は右側外列転輪の一部が欠落しており、車体後部にある増設アンテナ基部のカバーがわずかに見える。(ASKM)

45:121号車はテストのために1943年春、クビンカに移送された。この車両の冬季迷彩はすでに洗い落とされているが、車体天井左右には、それぞれ前照灯と主砲用洗矢(クリーニングロッド)の取付金具が見える。それらの後ろには牽引索固定用と思われる凵字型の部品がのぞいている。向かって左側からその形状が見て取れる。(ASKM)

46：テストのためクビンカに運ばれた121号車。1943年春。冬季迷彩は洗い落とされ、砲塔に取り付けられていた雑具箱は外れている。砲塔天井前部には搭乗しやすいようハンドルグリップ（手掛け）が溶接されている。車体側面には洗矢の取付金具の押さえ板が開いて垂れ下がっている。(ASKM)
附記：搭乗用ハンドルグリップはドイツ側の現地改修によるものと考えられるが、函館後ソ連軍によって溶接された可能性もある。写真43でもそれらしき陰影は見えるが断定は難しい。

47

48

47～50：演習場で射撃された後、戦利兵器展に展示されたティーガー 121号車。車体にはさまざまな口径の砲弾の着弾痕や貫通弾痕が見える。砲塔はひっくり返り、天井部を下にして車体に載っている。車体後部装甲には工具箱の固定具の一部が見え、転輪の大半は欠落している。モスクワ市ゴーリキー記念中央文化保養公園、1943年6月。(ASKM)

附記：シャシーや車体装甲に矩形の切り欠きがあるが、これは射撃の的にされる前、装甲厚等のデータ収集用に溶断されたもの。「工具箱の固定具」というのは車体後部左に見えるものを指し示すのだろう。この固定具が、履帯交換用工具箱のものかどうかは不明だが、鹵獲後早い時期に撮影された写真（写真40）には平たい大型の箱が固定されていたのは事実。

49

50

51、52：121号車の左舷側。この写真から戦車の装甲はかなり脆弱で、多数の着弾によってひび割れている様子がよく分かる。(ASKM)

53：同車の前部。量産前車両のシャシー上部装甲は、装甲板が履帯にかぶるように車体幅いっぱいに伸びていたため、両翼部分は溶断成型されていた。(ASKM)

54：戦利兵器展に展示された121号車を検分するアメリカ軍代表団。モスクワ市ゴーリキー記念中央文化保養公園、1943年6月。(ASKM)

附記：シャシー左右装甲は前方に突出するようになっており、それがU字シャックルを付けるアイプレートの役目を果たす。量産試作車両では、試作原型同様の形状に切り出した部材を流用、前方への突出部分の形状が量産型とは異なる。シャックル取付アイ（穴）も、前方装甲支持架取付穴を流用したり、それを埋めて開口しなおしたりという錯誤があった。

53

54

55：射撃の的となったティーガー121号車を見学するモスクワ市民。モスクワ市ゴーリキー記念中央文化保養公園、1943年6月。（ASKM）

参考文献および資料出所

1. ロシア国立経済資料館所蔵資料
2. 国防省中央資料館所蔵資料
3. Egon Kleine, Volkmar Kuhm "Tiger. Die Geschichte einer Iegendaren Waffe 1942-1945"―Motorbuch Verlag, Stuttgart, 1993.
4. Thomas L. Jentz & Hilary L. Doyle "Tiger I & II: Combat Tactics"―Schiffer Military History, Atglen, PA, 1997.
4. Thomas L. Jentz "Panzertruppen: The Complete Guide to the Creation & Combat Emploument of Germany`s Tank Force 1933-1942"―Schiffer Military History, Atglen, PA, 1996.
6. Walter J. Spielberger "Der Panzerkampfwagen Tiger und seine Abarten"―Motorbuch Verlag, Stuttgart, 1991.（邦訳は弊社刊『ティーガー戦車』1998年）
7. 富岡吉勝／監修　小林源文／劇画『ティーガー重戦車写真集』（弊社刊、1998年）
8. 尾藤 満／著『アハトゥンク・パンツァー第6集　ティーガー戦車編』（弊社刊、1999年）
9. G・グデーリアン著『電撃戦』モスクワ、1965年刊
10. A・シュペーア著『私の思い出』、モスクワ、1999年刊
11. 『レニングラード包囲網大突破　1943年1月　第2突撃軍の戦い』、サンクトペテルブルク、1994年刊
12. デルタ出版『グランドパワー』　第8号：第2次大戦ドイツ軍用車両④（1995年1月）、第26号：Ⅵ号戦車ティーガー〔2〕（1996年7月）、第36号：Ⅵ号戦車ティーガー〔4〕（1997年5月）
13. 著者個人所蔵資料

第1部にはストラテーギヤKM社、ロシア国立映画写真資料館、J・マグヌスキー氏、M・バリャチンスキー氏所蔵の写真ならびに上記文献所収の写真を使用。

第2部
東部戦線のティーガー

《ТИГРЫ》
НА
ВОСТОЧНОМ
ФРОНТЕ
(от Ростова до Курской дуги)

56：武装SS「ダス・ライヒ」師団重戦車中隊のティーガー。812の砲塔番号を記入し、車体側面には"Tiki"の愛称が書かれている。黒灰色の基本塗装の上に暗黄色の縞模様による迷彩が施されている。砲身には撃破した敵戦車の数を示す5本の帯が見える。ベルゴロド地区、1943年4月。（ASKM）

第2部 序文　ВВЕДЕНИЕ

　　ドイツのティーガー戦車について書かない戦車研究者というのはおそらく怠け者だろう。文献の数で言えば、この戦車は他のいかなる装甲兵器に対しても圧倒的な立場にあり、追随をまったく許さない。ティーガーの開発や構造、生産、派生型に関する諸々の研究はある程度決まった範囲の内容に収まるが、その戦闘運用を取り上げた文献は多くの疑問を抱かせる。ほとんどすべての文献がある一定の偏りをもって、お決まりのようにティーガーのすばらしい乗員たちがソ連、イギリス、アメリカの戦車を数十両あるいは数百両も破壊していったとする点に問題があるのだ。この分野で最も権威のあるヴォルフガング・シュナイダーの著作『Tigers in combat 1～2』(訳書『重戦車大隊記録集1～2』大日本絵画刊)やトーマス・イェンツ著『Germany's Tiger Tanks Series』にしても、西側文献のみに依拠しており、その上、旧ソ連・ロシアの多くの読者にとっては手にして中身を読むことは難しい。

　　第2部は、ドイツ重戦車大隊の組織編成の変遷と東部戦線で戦ったティーガーの戦闘活動による効果を検証し、ソ連の大祖国戦争当時の公文書の中において、なぜこれらの戦車があらゆる前線で、しかも一度もいたことがないはずの場所でさえ数十両単位で殲滅されることになったのかを究明しようと試みるものである。ただし、便宜的に1943年の1月から8月までの短い期間、すなわち北カフカスでの戦闘からクルスク戦の時期を対象とし、独ソ双方の当時の公文書資料に基づいて考察した。

　　もちろん本稿はこの議論に100パーセントの決着を求めるのではなく、東部戦線におけるティーガー戦車の戦闘運用の効果をできるだけ客観的に見つめ直そうとしたものである。というのは、この戦車は高い戦闘性能を誇り、非常に危険な敵ではあったが、それでも多くの研究者が書くほどに"破壊的な戦闘車両"でもなかったからだ。

　　ここではドイツ国防軍の重戦車部隊である第503大隊と第505大隊、それに「グロースドイッチュラント」師団の重戦車中隊を主に取り上げ、武装SS師団隷下のティーガー中隊の運用についてはより簡略な記述にとどめている。

　　本稿の執筆に際して資料を惜しまず提供してくれたイリヤー・ペレヤスラーフツェフ氏、有益な指摘と貴重な情報をもたらしてくれたアンドレイ・クラピヴノフ氏、戦闘運用のテーマに関して助言を与えてくれたイーゴリ・ジェルトフ氏の友人たちに謝意を表したい。

　　また本書の誕生は、エフゲーニー・ドラグノフ氏の外語国語文献の翻訳に多くを負っていることを記して、彼に厚くお礼を申し上げたい。

第1章
ティーガー戦車大隊の組織編成
ОРГАНИЗАЦИЯ БАТАЛЬОНОВ ТАНКОВ «ТИГР»

57：来るべき戦闘に備えティーガーの整備をする乗員たち。南方軍集団第503重戦車大隊、1943年7月。乗員たちが8.8cm砲の砲身清掃の準備をしているところ。（ASKM）
附記：砲身のクリーニングを行なっているのは第3中隊の331号車。その後方にあるのが332号車。

　重戦車を主兵装として受領する最初の部隊の編成が始まったのは1942年の2月であった。それは、5月10日までに編成作業を終えた第501重戦車大隊所属の2個中隊のことである。それから2週間後の1942年5月25日には、やはり同じく2個中隊を擁する第502重戦車大隊が編成された。ただし、この時点ではティーガー戦車はまだ生産されておらず（複数の原型車両しかなかった）、それどころかポルシェ社製とヘンシェル社製、どちらの戦車にするかという問題も未解決であった。それに加え、ドイツ軍司令部では、戦闘における新型戦車の運用戦術に関する考え方も明確化していなかった。

　しかし、1942年4月25日にはすでに重戦車大隊隷下の本部中隊と正規中隊の戦時編制定数（K.ST.N.）が承認されていた。しかもティーガー大隊をもう1個（第503）編成する決定まで行なわれていたのである。

　どちらのティーガー戦車を量産するかという決定にも問題があった。A・ヒットラーは両社の車両を生産することにこだわり、しか

45

58

58：ロストフ市外に停車する第503重戦車大隊第1中隊所属ティーガー。砲塔番号は白の111。1943年1月。(JM)
附記：点検準備中なのか、シャシー前方上面に工具箱と思しきものが置かれている。車体は全体に黒灰色のままのようで、冬季迷彩される前の状態。

　も自分が高く評価していたF・ポルシェの戦車に傾倒していた。総統は自らの判断の根拠として、ポルシェのティーガーが持つ電気式変速装置と空冷式エンジンは、北アフリカの砂漠における戦闘行動にとって理想的な組み合わせであると主張した。このため5月末に第501および第503大隊はポルシェ社のティーガーで、また第502大隊はヘンシェル社のティーガーで編成する決定が下された。そして第501、503大隊は北アフリカへ、第502大隊は東部戦線のロシアへ送り出されることとなった。

　1942年8月15日、重戦車大隊の編制定数の修正が行なわれた。再承認されたK.ST.N.1150dによると、大隊本部中隊は指揮戦車3両——Ⅵ号戦車ティーガー2両（ポルシェ社製またはヘンシェル社製）、Ⅲ号戦車1両——、それにⅢ号戦車5両からなる通信小隊を保有することになった。また2個の重戦車中隊はそれぞれK.ST.N.1176dに従い、本部車両——Ⅵ号戦車ティーガー1両（ポルシェ社製またはヘンシェル社製）、Ⅲ号戦車2両——と4個の重戦車小隊を有し、これらの小隊は各々ティーガー2両（ポルシェ社製またはヘンシェル社製）とⅢ号戦車2両で編成される。このほか大隊には、戦車回収用の18トン牽引車Sd.Kfz.9と修理所、輸送縦隊を持つ整備／補修中隊があった。

　こうして1942年8月15日付の編制定数に基づく重戦車大隊は21両のティーガーと25両のⅢ号戦車を擁することとなった。重戦車と中戦車のこのような組み合わせは、重戦車の数が不充分であることと、それらの戦術運用が不透明だったことによるものだ。より軽

量で機敏なⅢ号戦車が、近距離の射撃からティーガーを掩護することが想定されていた。

　1942年12月15日、重戦車大隊の編制定数にまたも変更が加えられたが、車両の数量に関するものではなかった。そのK.ST.N.1176d Ausf.Bによると、大隊はヘンシェル社製のティーガー——Pz.Kpfw.Ⅵ (H)——のみを装備することになった。ポルシェ設計のティーガーが不採用となったからだ。とはいえ、ポルシェ原型車の数両は、乗員がヘンシェル製ティーガーを受領するまでの訓練に使用された。

　1942年11月15日には武装SS第1、第2、第3戦車連隊向けに、3個のティーガー重戦車大隊の編成が始まっている。これらの中隊はドイツ国防軍用に制定されたK.ST.N.1176d Ausf.Bの定数に従って編成され、各中隊は9両のティーガーと10両のⅢ号戦車で構成された。

　こうして1943年1月1日までに第三帝国軍はティーガーで武装した6個の部隊——ドイツ国防軍3個大隊（第501、第502、第503）、武装SS3個中隊——を有するに至った。しかしこれらの部隊の兵器配備率は不充分であった。

　ティーガーを最も多く保有していたのは第501大隊で、定数を完全に満たす21両だった（9月に2両、10月に8両、11月に10両、12月に1両を受領）。1942年11月にこの大隊はチュニスに出発した（本書ではこの大隊は取り上げない）。

　第502大隊には8両のティーガーと26両のⅢ号戦車があった（8月に9両のティーガーを受領するも、11月に1両が破壊される）。同部隊はレニングラード郊外で戦闘活動を展開することになる（第1部に詳述）。

　第503重戦車大隊はティーガーを20両、Ⅲ号戦車N型31両を擁
（P.56に続く）。

59

59：ロストフ地区の第503重戦車大隊第1中隊所属ティーガー。本車の砲塔には123の番号が記入され、シュヴァルツグラウの基本塗装の上から冬季迷彩が施されている。車体側面には転輪の予備ゴムタイヤが固定されている。1943年1月。（JM）

◆ドイツの「ティーガー」がブテンコ親衛伍長の砲の射撃陣地に向かって真っ直ぐ進んでいた。ドイツの戦車兵たちは、優れた偽装が施された直接照準の我が軍の砲に気づいていなかった。砲の照準手、カルポフ親衛赤軍兵は照準器から敵の戦車を捕らえて離さなかった。「ティーガー」がすぐそこまで接近したところで砲が火を噴いた。短い戦闘が始まり、「ティーガー」は炎上した。

砲兵たちよ！恐れずに戦車をできるだけ近くに引き寄せて、直接照準で撃て！ドイツの「ティーガー」どもを焼き払うのだ！

◆工兵のトルビャツィン親衛曹長は夜間駐車のドイツ戦車を発見した。戦車が通るはずの道路に彼は地雷を埋設した。朝になって、トルビャツィン曹長が設置した地雷で3両のドイツ戦車が爆破された。これは1月6日のことだった。それから数日経った1月9日、工兵の英雄は自分の功績を繰り返す。彼が後方に設置した地雷で敵にさらに2両のドイツ戦車が爆発した。

工兵たちよ！諸君も親衛隊員トルビャツィンのごとく行動せよ！敵の戦車を追跡し、諸君らの地雷で爆破するのだ！

親衛隊員よ！

ドイツ戦車を砲弾で、手榴弾で、地雷で、火炎瓶で、徹甲弾で──あらゆる手段でもって叩くのだ！

勇敢にして賢明、
　　そして戦車よりも強き者よ！

G-170011　発行：赤軍機関紙『赤旗』　発注番号12

ドイツの占領者どもに死を！

戦車を叩け！
如何にしてドイツ戦車
T-VI（"ティーガー"）を破壊すべきか

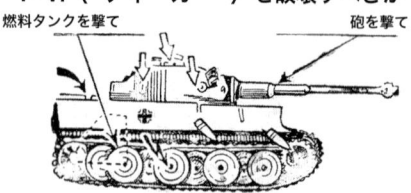

燃料タンクを撃て　　砲を撃て

T-VI戦車に対しては火砲、対戦車ライフル、大口径機関銃、さらに対戦車手榴弾、地雷、火炎瓶のあらゆる対戦車手段を採るべきである。

あらゆる種類の武器で視察孔を猛射することによって戦車乗員を盲目にし、また火砲と対戦車ライフルで砲塔基部の間隙を射撃することによって砲塔が閊えず動かなくなるようにすることができる。各種口径の砲と対戦車ライフルによる射撃で車長用キューポラを損傷、あるいはこれを砲弾の打撃力で吹き飛ばすことも可能である。車長用キューポラが吹き飛ばされた場合は、戦車に手榴弾や火炎瓶を投げ込み、乗員を殺害し、戦車に放火する必要がある。戦車のとりわけ重要な部位は、その起動（前方）輪と誘導（後方）輪、それに履帯である。これらはまた戦車の弱点でもある。車輪と履帯は各種口径砲による照準射撃の格好の標的である。砲弾が命中すると車輪と履帯は破壊され、戦車は機能を失う。

戦車の転輪も弱点である。転輪は砲弾や対戦車手榴弾が命中すると容易に壊れる。戦車の左右両側の後方誘導輪と後方転輪のあたりには燃料タンクが配置されている。燃料タンクの間の戦車中央部にはエンジンがある。燃料タンクを防護する側面装甲板は76㎜砲弾が貫通する。それゆえ砲の照準射撃を燃料タンクに集中させるのだ。

火器の配置は、その打撃が戦車の正面には少なめに、また後部には多めに加えられるようにする必要がある。なぜならば、後部は比較的に装甲が薄く、標的範囲が広いからだ。

戦車の車底の装甲厚は28㎜であるため、戦車に対して地雷を幅広く用いることができる。地区の地雷埋設に加え、（2本の紐に括り付け、戦車が通過する際に歩兵が自分の居場所の隙間や塹壕から紐を操って履帯の下に引き寄せる）移動地雷の採用も必要である。

もし戦車が何らかの理由で停車した場合、それが爆発または全焼しないうちは不用意に放置すべきではない。停車は小さな故障によるものかも知れず、乗員は故障を修理した後、もしくは（撃破された場合）戦車に残って、わが軍の歩兵や駆逐戦車に対する射撃を続行するであろう。いかなる場合にも戦車に手榴弾や火炎瓶を投じ、乗員は駆逐するように努めなければならない。

ソヴィエトの戦士よ、敵の戦車に対して勇敢に立ち向かえ！それは君を前にして持ち堪えることはできないだろう。ファシストの戦車を引き寄せ、またはできるだけ接近するように努めよ。そうすれば、一対一の対決に有利な死角に入り込むことができよう。

我らが英雄たちのごとく、敵の装甲を破砕せよ！

◆ボロダイ親衛少佐の対戦車砲兵たちは3時間の戦闘で7両のドイツ戦車を全焼させた。優れた功績を挙げたのは57㎜砲の照準手、中隊党オルグのボチャーロフ同志である。敵の砲弾が射撃班の戦闘能力を奪い、ボチャーロフも重傷を負った。血まみれの英雄党オルグは自分の砲で射撃を続けた。確実を期して、至近距離から敵を撃退した。彼は2両のドイツ戦車を全焼させた。

戦士よ、君も親衛党オルグ、ボチャーロフのように勇猛かつ不屈に行動せよ！

◆3本の道路が会合する交差点に破壊された家があった。その表の壁の裏側に対戦車攻撃の陣地を選んだのはアジーゾフ曹長である。ティーガーが次第に交差点に近づいてくる。そしてとうとう戦車はカーブをして側面をアジーゾフにさらけ出した。鋭い手の振りとともに、ティーガーのもとへ対戦車手榴弾が飛んでいき、さらに2つ目の手榴弾が放たれた。履帯を破砕されたティーガーはその場にうずくまってしまった。

アジーゾフ曹長のように、道路の交差点、建物の壁の裏、溝の中、橋の下など、戦車を意表を付いて確実に破壊するよう陣地を選択せよ！

◆親衛兵オリフェルは恐れを知らずにドイツ戦車に這い寄り、それに手榴弾の束を投げつけた。戦車は破壊された。次のように束ねよ：5個の手榴弾を細紐、導線、ワイヤーでしっかりと巻き束ねる：4個の手榴弾を取っ手を同じ方向にし、5個目の取っ手は反対方向にする。5個目の手榴弾の取っ手に紐を括り付け、戦車に投擲せよ。この手榴弾が最初に炸裂し、残る束全体を爆発させる。束は3個の手榴弾で作っても良い。

親衛戦士たちよ！親衛兵オリフェルのごとく、敵の戦車を手榴弾の束で殲滅せよ！

記号
各種口径砲と対戦車ライフルで射撃せよ
各種口径砲で射撃せよ
火炎瓶を投擲せよ
対戦車手榴弾で叩け

♦ Немецкий «тигр» шел прямо на огневую позицию пушки гвардии младшего сержанта Бутенко. Немецкие танкисты не замечали отлично замаскированной на прямой наводке нашей пушки. Наводчик орудия гвардии красноармеец Карпов не спускал с прицела вражеского танка. «Тигр» подошел совсем близко. Орудие открыло огонь. Звякнул короткий бой. «Тигр» запылал.

Артиллеристы! Бесстрашно подпускайте танки возможно ближе, бейте их прямой наводкой! Жгите немецкие «тигры»!

♦ Сапер гвардии старшина Трубицын обнаружил ночную стоянку немецких танков. На дороге, где должны были проходить танки, он заложил мины. Утром на расставленных старшиной Трубицыным минах подорвались три немецких танка.

Было 6 января. А через несколько дней, 9 января, герой-сапер повторил свой подвиг. На минах, расставленных им в тылу у врага, взорвались еще 2 немецких танка.

Саперы! Действуйте и вы, как гвардеец Трубицын! Выслеживайте танки врага, взрывайте их своими минами!

Гвардеец!

Бей немецкие танки всеми средствами — снарядом, гранатой, миной, зажигательной бутылкой, огнем бронебойки!

Смелый и умелый сильнее танка!

Г—17001 г. Издание красноармейской газеты «Красное Знамя». Зак. № 12

СМЕРТЬ НЕМЕЦКИМ ОККУПАНТАМ!

БЕЙ ТАНКИ!

Как поразить немецкий танк T-VI („тигр").

Бей по бензобаку   Бей по пушке

Против танка T-VI следует применять все противотанковые средства: огонь пушек, противотанковых ружей, крупнокалиберных пулеметов, а также противотанковые гранаты, мины и зажигательные бутылки.

Массовым огнем из всех видов оружия по смотровым щелям можно ослепить экипаж танка, а огнем из пушек и противотанкового ружья по подбашенным щелям заклинить башню. Огнем из орудия любого калибра и противотанкового ружья можно повредить командирскую башенку или сорвать ее силой удара снаряда. В случае срыва командирской башенки необходимо через люк гранатами или зажигательными бутылками, уничтожить экипаж и поджечь танк. Особенно ответственными деталями танка являются его ведущие (передние), ведомые (задние) колеса и гусеницы. В то же время это и самые уязвимые места танка. Колеса и гусеница представляют хорошую цель для ведения прицельного артогня из орудия любого

калибра. При попадании снаряда колеса и гусеница разрушаются, и танк выходит из строя.

Уязвимым местом являются и опорные колеса танка. Они легко разрушаются при попадании снаряда и противотанковой гранаты. С правой и левой стороны танка в области ведомого (заднего) колеса и двух задних опорных колес размещены бензобаки. Между ними, в середине танка — двигатель. Броня бортовых листов, прикрывающих бензобак, пробивается снарядом 76-миллиметровой пушки. Поэтому следует сосредотачивать прицельный огонь артиллерии по бензобакам.

Огневые средства необходимо располагать так, чтобы удар наносился танкам меньше по лобовой его части, а больше по кормовой, так как там и броня тоньше, и больше уязвимых мест, и цель шире.

Днище танка имеет броню в 28 мм, что дает возможность широко использовать против танка мины. От взрыва мины днище коробится, а гусеницы и опорные колеса разрушаются. Кроме минирования участков местности, необходимо применять передвигающиеся минные заграждения (мины с привязанными минным веревками), при помощи которых бойцы из своих щелей или окопов подтягивают мины под гусеницы танка в момент прохождения танка.

Если танк по какой-либо причине остановился, не следует оставлять его без внимания до тех пор, пока он не будет окончательно подорван или сожжен. Остановка может произойти из-за небольшой

УСЛОВНЫЕ ОБОЗНАЧЕНИЯ
- Стреляй из пушек всех калибров и противотанковых ружей.
- Стреляй из пушек всех калибров.
- Забрасывай бутылками с горючей жидкостью.
- Бей противотанковой гранатой.

неисправности, и экипаж, устраняя ее или оставаясь в танке (если он подбит), будет продолжать вести огонь по нашей пехоте и истребителям танков. Во всех случаях надо стараться забросать танк гранатами или зажигательными бутылками, а экипаж истребить.

Советский воин, смело иди против вражеского танка! Он не устоит перед тобой. Старайся подпустить фашистский танк и подойти к нему как можно ближе и ты попадешь в мертвое пространство, выгодное для единоборства.

Круши броню врага, как наши герои!

♦ Артиллеристы противотанкисты гвардии майора Бородай за первые 3 дня боя сожгли 7 немецких танков. Выдающийся подвиг совершил наводчик 57 мм пушки, парторг батареи тов. Бочаров. Вражеский снаряд вывел из строя расчет, тяжело был ранен и Бочаров. Обливаясь кровью, парторг-парторг один продолжал вести огонь из своего орудия. Громил врага в упор, наверняка. Он сжег два немецких танка.

Действуй и ты, воин, так же смело и стойно, как парторг-гвардеец Бочаров!

♦ На перекрестке, где сходились три дороги, находился разрушенный дом. За его передней стеной и выбрал себе позицию для нападения на танк гвардии старший сержант Азизов. «Тигр» подходил все ближе к перекрестку. Вот танк сделал поворот и очутился бортом к Азизову. Резкий взмах руки, и под «тигр» полетела противотанковая граната, за ней — вторая. С разбитыми гусеницами «тигр» замер на месте.

Выбирай позицию, как старший сержант Азизов: у перекрестка дорог, за стеной дома, в канаве, под мостиком, чтобы танк поражать внезапно, наверняка.

♦ Гвардии рядовой Олифер бесстрашно подполз к немецкому танку и метнул в него связку ручных гранат. Танк был уничтожен. Связку сделал так: пять ручных гранат, вариантных и поставленных на предохранительный взвод, крепко связал бичевкой, проволокой, поволокой: четыре гранаты рукоятками в одну сторону, а пятую — в противоположную. Возьми связку за рукоятку пятой гранаты и бросай ее в танк. Эта граната рвется первой и взрывает всю связку. Можно сделать связку из 10-ти гранат.

Воины-гвардейцы! Уничтожайте танки врага связками гранат, как уничтожает их гвардии рядовой Олифер!

1943年1月に赤軍部隊に鹵獲された121号車。基本塗彩色であるグレー単色（RAL 7021 Schwarzgrau）の上から白色の幅広の帯を引いた冬季迷彩が施されていた。

輸送用履帯を履いたティーガー112号車。1942年8月、ファリングボステル。

第502重戦車大隊第1中隊本部所属のⅢ号戦車N型。1942年9月、ムガー地区。

ティーガー111号車。1942年9月、ムガー地区。本車は明るい灰色（RAL 7005 Mausgrau）を下地のより暗い灰色（RAL 7021 Schwarzgrau）の上に塗り重ねられていた。

冬季迷彩を施された砲塔番号3のティーガー。1943年2月。本車はIII号戦車用の雑具箱を装備していた。

砲塔番号2のティーガー。1943年4月。この戦車には、標準塗装（RAL 7021 Schwarzgrau）の上から施された冬季迷彩の痕が見える。

モスクワのM・ゴーリキー記念文化保養中央公園で催された戦利兵器展で展示された100号車。1943年6月。冬季迷彩は洗い落とされている。

第503重戦車大隊本部中隊
所属のVI号戦車ティーガー。
1943年5月～6月。本車は大
隊長ホーハイゼル中尉が搭乗
していた。砲塔にいくつもの
バルケンクロイツを描くのは、
1943年の春季～秋季作戦当
時のこの部隊の特色であった。

第503重戦車大隊第3中隊長搭乗車両。1943年7月。
本車は1943年8月の初めごろ赤軍部隊に鹵獲された。
車体前面装甲板に描かれていた赤色の記号（下図）
の意味は不明。

武装SS「ライプシュタンダルテ・アードルフ・ヒットラ
ー」機甲擲弾兵師団第1戦車連隊第13重戦車中隊所
属車。1943年7月。

本車には同時に複数の迷彩が
施されている――砲塔は黒灰
色の塗装の上に黄色の太い縞
模様、車体は完全に暗黄色に
塗り替えられた上に緑色と茶
色の線が絡み合うように描か
れている。車体番号1313から
本車は第13中隊第1小隊に所
属していたことがわかる。

53

武装SS「ダス・ライヒ」機甲擲弾兵師団第2戦車連隊重戦車中隊所属のVI号戦車ティーガー。1943年7月。本車は黒灰色の基本塗装の上に暗黄色と緑色の迷彩が施されている。

中隊第2小隊の車両で、砲塔には白で踊る悪魔の部隊章が、また車体の前面装甲板にはツィタデレ作戦期間中にだけ特徴的な師団章（下図）が描かれていた。

「グロースドイッチュラント」機甲擲弾兵師団重戦車大隊所属車両。1943年7月。本車は暗黄色に塗り替えられ、大隊の第11中隊に所属していた。

武装SS「トーテンコプフ」機甲擲弾兵師団第3戦車連隊第9重戦車中隊所属車両。1943年7月。本車は暗黄色に塗り替えられ、車体の前面装甲板にはツィタデレ作戦期間中にのみ特徴的な師団章（下図）が付いていた。砲身には撃破した敵戦車の数を示す白色の帯が見える。

第505重戦車大隊第3中隊所属車。1943年7月。本車は暗黄色と茶色の迷彩が施され、車体番号は321である。

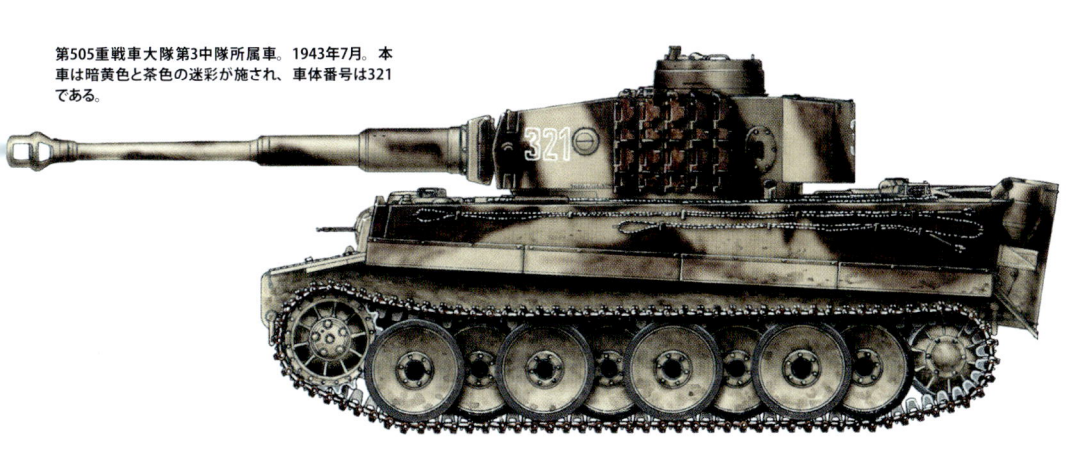

第505重戦車大隊第3中隊のVI号戦車ティーガー。1943年7月。本車は7月の半ばに赤軍部隊に鹵獲された。この車両は黒灰色の基本塗装の上から暗黄色に塗られている。車体側面は有刺鉄線が取り付けられているが、これはツィタデレ作戦期間中の第505重戦車大隊の特色であった。前面装甲板には大隊章の白い牡牛が描かれている。

第505重戦車大隊第3中隊長のVI号戦車ティーガー。1943年7月。この戦車は7月の末に赤軍部隊に鹵獲された。黒灰色の基本塗装の上から暗黄色と茶色の迷彩が施されている。

し、1942年12月21日に北カフカスで行動中のA軍集団に入るべく、ドイツ本国を後にした。

　武装SSの重戦車中隊はわずか6両のティーガーを12月に受領したにすぎない。そのうち5両は武装SS第1戦車連隊隷下の中隊に届き、残る1両がSS第2戦車連隊の中隊に配備された。

　このように1943年初頭の時点では、ドイツ軍全部隊が保有していたティーガーは55両で、1両は失われ、さらに4両がヘンシェル社工場内の兵器監査官の管理下にあった。これらの戦車の戦闘運用はレニングラード郊外における数度の不首尾な攻撃に限られたため、重戦車大隊の組織編成の有効性を実地に試すことはできなかった。

　1943年1月13日、第203戦車連隊第3中隊は、「グロースドイッチュラント」師団戦車連隊第13重戦車中隊への改編作業が始まった。それは1942年12月15日制定のK.ST.N.1176d Ausf.Bの定数に従って編成され、9両のティーガーと10両のⅢ号戦車L型を保有することになっていた。そして1月に7両のティーガーが中隊の主兵装として配備され、さらに2両が2月に届いた。

　それから10日後の1943年1月24日には第505重戦車大隊の編成に着手され、同大隊は23両のⅢ号戦車L型と20両のティーガー（2月に2両、3月に18両）を受領して、5月1日に中央軍集団のもとへ発った。

　これに加え、1943年1月には第504重戦車大隊が編成され、20両のティーガーとともに2月にチュニスに向かった（同大隊の戦闘活動は本書では取り上げない）。

第2章
戦闘損失はどう算定すべきか？
БОЕВЫЕ ПОТЕРИ : КАК ИХ ПОДСЧИТАТЬ ?

60：行軍中の「グロースドイッチュラント」機甲擲弾兵師団戦車連隊第13中隊所属のティーガー。砲塔番号はS20——このような番号の記入方式は当時のこの部隊に特徴的なもの。ハリコフ地区、1943年3月。（イリヤー・ペレヤスラーフツェフ氏提供：以下、IPと略記）

附記：車体後方上面に取り付けられた対人用榴弾発射筒が内側に向けた"収納位置"になっている点に注意。また砲塔後部の雑具箱は量産標準仕様の備品に似た形状だが、より大型のものが使用されている。ファイフェルフィルターは支給されているはずだが（取り付け用座金はある）未装備。

　重戦車ティーガーの戦闘運用について話を進める前に、第三帝国の戦車部隊内での損害計上のシステムに触れておく必要がある。それぞれの戦車部隊（師団、重戦車大隊、突撃砲大隊）は毎日の報告書に、その日の夕刻時点における戦闘可能車両の保有数の集計を載せていた。同じような報告書は戦車軍団と戦車軍の司令部も作成していた。それに加え、いわゆる"10日間日誌"なるものも存在した。これは毎月10日間ごとの兵器保有数の報告で、そこに含まれていたのは戦闘可能な装甲兵器の情報であり、さらに修理中の車両（この報告は常に行なわれていたわけではない）、そして全損となった車両が記載されていた。もうひとつ別の装甲兵器保有数の報告書では、師団や独立部隊（例えば重戦車部隊のような部隊）が陸軍参謀総長付機甲兵担当将軍宛に送られる（毎月1日現在または1日、11日、21日の各旬初日現在の）資料である。

　こんなにも多くの報告書類があったのかと思わされるが、実はドイツ戦車部隊の全損数を明確にするのはかなり難しい。というのは、全損のカテゴリーに含まれたのは、敵の占領地区に残った戦車か、

57

または工場での大修理が必要でドイツ本国に送られることになった車両だけだったからである。このような車両は決まって部隊配備兵器から除外された。もしある戦車が輸送の途中で降ろされ、第三帝国の領土外の企業（例えばロシアやウクライナ）で修理されると、この戦車は部隊配備の兵器として集計に含まれ、長期修理を必要とする車両だとされる。

　戦闘中に撃破され、部隊内で修理されている戦車は、短期または長期の修理を必要とする車両として記録される（この際、損傷が戦闘によるものか機械的原因によるものかの区別はされない）。また、短期修理の期間が2〜3週間（!）とされ、長期修理についてはそもそも期間が定められていない点も興味深い。さらに、修理が必要だが戦場から未回収の戦車も、修理中の車両とされていたことも頭に入れておかねばならない。これらの点に加え、戦車はひとつのカテゴリーから別のカテゴリーに移されることも可能で──例えば、今日の時点で修理を必要としていた車両が、数日後には全損として処理されることもあった。そもそもドイツ軍の戦車部隊の中では、全損戦車の計上を実際より後（数日後や場合によっては1週間後）になって処理することが広く行なわれていた。このような"自由さ"の結果、現在のところドイツ戦車部隊の日毎の、戦闘損害の実数を特

61：氷が割れてスタックしてしまった「グロースドイッチュラント」師団戦車連隊第13中隊長のティーガーS01。1943年3月。（IP）
附記：写真60と同一部隊所属のティーガーだが、雑具箱は標準仕様のものが付けられている。車体側面のバルケンクロイツが、サイドフェンダー導入前の標準位置に記入されている点がおもしろい。またリアマッドガードも、サイドフラップ付きの標準生産タイプではないもののようだ。砲塔のMPクラッペ手前に、指揮戦車の特徴である増設アンテナ基部が見える。

61

62

63

62、63：武装SS「ライプシュタンダルテ・アードルフ・ヒットラー」師団重戦車中隊の戦闘訓練。ベルゴロド地区、1943年5月。砲塔番号は411。（IP）

附記：標準よりも大型の雑具箱を装備、ファイフェルフィルターは付けられている。サイドフェンダーは上端が直線になるように付けられておらず、側面装甲下端の折れにそうように付いている点に注意。初期生産車両の一部に見られる特徴で、前半2枚、後半2枚の長さが異なっている。

定することはかなり難しい。唯一可能なのは、とても大雑把ではあるが、各部隊の戦車の総数と毎日の戦闘可能車両数の差を調べることだ。もちろん、この方法では何両の戦闘車両が機械的要因で故障したのかを特定することはできないが。

　他方、赤軍の戦車損害計上の仕組みはこれよりもだいぶ分かりやすかった。戦車旅団と戦車軍団は毎日の保有兵器数の報告を行い、その中には以下の項目が記載されていた――戦闘可能車両数、戦闘中に撃破された車両数と原因（砲撃、地雷爆破、全焼、航空機による破壊など）、擱座または水没した車両、機械的原因による故障車両。全損戦車については独立の項目が立てられていた。これにより、何日かぶんのデータを見れば、過去の戦闘における装甲兵器の損害を調べることは容易なのだ。

第3章
北カフカスでのティーガー
« ТИГРЫ » НА СЕВЕРНОМ КАВКАЗЕ

64：武装SS「ダス・ライヒ」師団の視察に訪れたH・ヒムラーに披露される同師団重戦車中隊のティーガー。ベルゴロド地区、1943年5月1日。（ドイツ連邦公文書館＝ブンデスアルヒーフ所蔵：以下、BAと略記）
追記：車体側面のバルケンクロイツが規格よりも幅広に描かれている点が興味深い。

　多くの"ティーガーもの"の著作の中で、ティーガーはスターリングラードに閉じ込められた第6軍の包囲をマンシュタインの部隊が解囲しようと試みた際にドン軍集団の中で用いられたのだと指摘されている。しかしこれは事実にそぐわない。

　実際はヒトラーの命令によって1942年12月21日に第503重戦車大隊が北カフカスに派遣されたのである。大隊はここで、ソ連ザカフカス方面軍部隊の猛攻に押されて後退しつつ激闘を続けていたA軍集団の編成に加わった。

　第503重戦車大隊は1942年の9月にポルシェ・ティーガーで戦闘訓練に取り掛かったが、その後ヘンシェルのティーガーに"乗り換え"させられたため、乗員の訓練に余分な手間がかかった。

　12月16日時点の大隊はティーガー戦車20両とⅢ号戦車N型31両を保有していたので、2個中隊の編成が可能となった。5日後には前線に出発し、年が明けた1943年1月1日に第1戦車軍地帯で荷降ろしをした。

そして第503大隊はすでに1943年1月6日にはステプノイの集落（モズドークの北約60km）で戦闘に突入した。ここでドイツ側の資料によると、18両のソ連戦車が撃破され、他方ドイツ軍はIII号戦車を1両失っている。

　1月9日、11両のティーガーと12両のIII号戦車は、第128機甲擲弾兵連隊の隷下大隊がノヴォセリーツコエを奪取しようとしていたのを支援した。しかしこれは失敗した——ソ連第44軍機械化騎兵集団の隷下部隊がドイツ軍の三度の攻撃を撃退し、その際ソ連軍の戦車と砲の射撃で2両のティーガーが破壊され、1両のIII号戦車が部分撃破された。第503大隊はこのとき8両のソ連軍T-34戦車を破壊したと申告した。が、この戦闘の後で生き残ったティーガー9両のうち、可動状態にあった車両がわずか1両に過ぎなかった点も指摘しておかねばなるまい——他のティーガーは"深手を負う"か故障していたのである。

　翌日は各4両のティーガーとIII号戦車がブチョンノフスク付近で行動していた。戦闘の中でティーガー2両がソ連軍の砲撃で部分撃破されたが、車両の回収には成功した。当時のある目撃談によれば、これらの車両の装甲には250箇所もの砲弾と対戦車ライフル銃弾の命中痕があった。この2両は修理のためドイツ本国に送還されたが、後に部隊配備から外された。

　1月13日時点で第503大隊の編成に残っていた16両のティーガーのうちで稼働状態にあったのはわずか3両で、他は修理中であった。1月15日、60kmの夜間行軍を果たした第503重戦車大隊はプロレタールスカヤに集結し、その翌日には2両のティーガーと6両のIII号戦車が、プロレタールスカヤの東10kmの地点で武装SS第5師団「ヴィーキング」が発起した反撃を支援した。ここで1両のティーガーが重傷を負い、翌日にはドイツに送り返さねばならなくなった。1月18にはさらにもう1両のティーガーが部分撃破されたが、部隊内の修理兵たちが数日間で復活させた。

　1943年1月20日時点で第503大隊に残っていた戦闘可能なティーガーはわずか2両で、翌日には修理と態勢建て直しのためバタイスクに送られた。

　1月22日にロストフに到着した第502重戦車大隊第2中隊（ティーガー戦車9両）は第503大隊に第3中隊として付与された。しかし戦車の損害が大きかった第1中隊の残存戦車は第2中隊と第3中隊とに分配された。これで第2中隊はティーガー9両とIII号戦車8両を、そして第3中隊はティーガーとIII号戦車をそれぞれ8両ずつ装備した。このほかに2両のティーガーが大隊本部にあり、さらに5両が修理中であった。

　2月6日に赤軍部隊がバタイスクを奪還したため、そこから大至

65：ティーガー上のH・ヒムラー。
砲塔番号は古い832の上から白で
823と書かれているのがよく分かる。
ベルゴロド地区、1943年5月1日。
（BA）

67：ツィタデレ作戦準備のために「グロースドイッチュラント」師団重戦車中隊所属のティーガーを大修理・整備している様子。ポリソフカ、1943年5月。（BA）

急で第503大隊の修理部隊と修理中だったティーガーを運び出さねばならなくなった。また4両のⅢ号戦車は回収不可能として爆破された。

1943年2月8日、第503大隊はロストフ方面のニジニェ・グニロフスカヤ村の側から行動していたザンダー戦闘団の指揮下に入った。このときの戦闘には13両のティーガーと15両のⅢ号戦車が加わったが、攻撃は失敗に終わった。それから大隊はクラースヌイ・チャルティリ鉄道駅に集結し、部隊の改編が行なわれた——第2、第3中隊はそれぞれ軽中隊（旧第2中隊ベース）と重中隊（旧第3中隊ベース）に再編成された。軽中隊はⅢ号戦車と2両のティーガー（中隊本部車両）で、重中隊はティーガーでの編成となった。

2月9日に第503大隊所属のティーガーは、ニジニェ・グニロフスカヤ村（ロストフの南西）を攻撃していたフォン・ヴィニング戦闘団に組み込まれた。

1943年2月の10日と11日、フォン・ヴィニング戦闘団はニジニェ・グニロフスカヤをめぐって激戦を重ねたが、このとき6両のティーガーがそれを支えていた。ここでA軍集団参謀部に宛てた1943年2月2日から同22日の間の第503重戦車大隊の戦闘活動報告書を見ると興味深い——

「（1943年2月9日：著者注）天候および地勢　晴れ、視界良好、土地は雪に、高地は氷に覆われている。ニジニェ・グニロフスカヤへの南方向は殊に滑りやすく、一面が氷である。鉄道の道床は戦車

にとって障害である。

　2月9日1815時、フォン・フォルマン将軍が大隊に到着し、進撃を2月10日に指定。大隊はニジニェ・グニロフスカヤ奪取のためフォン・ヴィニング戦闘団に配属され、同集落南端への歩兵前進を支援し、しかる後に西方を攻撃して、そこで行動するザンダー戦闘団との連絡を確立する任務が与えられた。このため同戦闘団に2両のティーガーからなる小隊が付与された。

　2月10日0530時、大隊は西駅（ロストフ西駅：著者注）から行軍を開始、ロストフから南西方向へのさらなる進出のためザンダー戦闘団指揮所そばに集結。行軍は路面凍結のため非常に困難な条件下で進んだ……

　状況　わずかな偵察活動を除き、敵は行動を取ってはいなかった。ニジニェ・グニロフスカヤへは昨日同様、小規模な歩兵部隊が複数集結していた。我が戦闘行動地区はロストフ西端とニジニェ・グニロフスカヤ東端の間の領域を含む……

　夜間にフォン・ヴィニング戦闘団機甲擲弾兵部隊が大きな損害を出して敵の攻撃を抑えることができず、集落の北部から後退した。彼らは兵員が大幅に減り、幾昼夜もの不断の戦闘でひどく疲弊していた。

12：ツィタデレ作戦を間近に控えた「グロースドイッチュラント」師団のティーガー。修理中のスナップショット。左側にあるのはティーガーの砲塔を取り外すために用いられるガントリー・クレーンの支柱。1943年6月。（JM）

69

69：武装SS「ライプシュタンダルテ・アードルフ・ヒットラー」師団重戦車中隊を視察する陸軍参謀総長付機甲兵担当将軍H・グデーリアン。ベルゴロド、1943年4月20日。写真の車両の砲塔番号は405、車長キューポラにいるのは後に有名な戦車エースとなったミヒャエル・ヴィットマン。（JM）

　課題　前日の経験から進撃計画は充分詳細に練られた。大隊の任務は次の点にまとめられる——
1. 戦車は到着と同時に歩兵が跨乗。大隊はロストフの南西端から進撃を開始し、ロストフ南駅およびニジニェ・グニロフスカヤ村間の断裂閉塞を試みる；
2. 断裂閉塞の後に戦車跨乗部隊は鉄道道床に急迫してこれを占拠し、他の歩兵のための阻止射撃を確実にする；
3. 歩兵とともに横隊で西から東へニジニェ・グニロフスカヤ西端まで進出する；
4. 西端到達の後は歩兵無しで前進し、ザンダー戦闘団と合流する。
0915時、6両のⅥ号戦車と10両のⅢ号戦車上の強襲歩兵はニジニェ・グニロフスカヤ北東端への進出を開始。最初の砲撃の直後に歩兵は急進し、迅速な攻撃で敵を南西に退けた。かくして断裂は閉塞され、歩兵は鉄道道床への進出を始めた。

　1030時、大隊は進撃計画の後半部分の遂行に着手。中心道路と鉄道道床の南側に沿った凍結した急勾配のため、戦車はさらに南進することができなかった。大隊は戦車が凍結地面で滑るため、道路の占拠と阻止射撃の実行に行動を限定せざるを得なかった……

　……大隊は集落中心部の鉄道駅に向かって前進し、主要道路をめぐる戦闘を展開。しかしやがて、さらなる進撃は無意味となった。歩兵は道路の北側の建物を占拠しただけで、歩兵指揮官たちとの一連の交渉にもかかわらず、歩兵は戦車の支援無しで南へ攻撃を始めたからだ。1500時ごろ、夕闇が押し迫り進撃は停止された。戦闘団

麾下の指揮官たちとの会議ののち、さらなる進撃は延期となった……

歩兵は闇夜と戦車による防護のもとで後退させられた。このプロセスは徐々に着実に進められたが、路面の完全な凍結による大きな種々の問題に関係するものであった……

ザンダー戦闘団麾下のⅥ号戦車2両からなる小隊（第201戦車連隊所属）は戦闘の過程で鉄道道床に到達し、66.9高地を占拠した後は、鉄道沿いの進撃の左翼を掩護する任務を帯びて高地のそばに陣を構えた……

第201連隊の中戦車は前進しなかったため、この2両のⅥ号戦車は後退させられた。これらの戦車が44.6高地のそばを通過したとき、500m南方に敵戦車2両が確認された。まもなくそれらはⅥ号戦車の吐いた炎によって燃え上がった。南に向かっていたⅥ号戦車1両が鉄道の路盤を越え、敵火砲4門と複数の車両を踏み潰して破壊した。それから2両のⅥ号戦車は中戦車とともに攻撃を始めたが、その間隔は大きかった。弾薬がほとんど尽きていたからだ。敵の射撃は次第に強まり、1両のⅥ号戦車に命中、エンジンが炎上した。車長が機敏に対処したおかげで火災は消し止められ、2両目のⅥ号戦車の掩護射撃の下で——時々敵は距離50mにまで接近した——損傷した車両は出撃陣地に戻ることができた。1830時、ザンダー戦闘団は攻撃を中止した。

結果　敵の戦車3両、5門の7.62cm対戦車砲および迫撃砲、多数

70：「グロースドイッチュラント」師団重戦車中隊所属ティーガーの訓練風景。1943年5月〜6月。（IP）

71：武装SS「ライプシュタンダルテ・アードルフ・ヒットラー」師団重戦車中隊を視察中のH・グデーリアン将軍。ベルゴロド、1943年4月20日。（ASKM）

の対戦車ライフルおよび火器、複数の車両を破壊した。我が方の損害は2両のⅥ号戦車（修復済み）。

　天候および地勢　晴れ、視界良好。地勢は2月9日の記事を参照。
　1943年2月11日現在の状況　2月10日から11日にかけての夜間、敵は南方からロストフ西部への侵入を開始。ニジニェ・グニロフスカヤ側からの敵の圧力は次第に増し、偵察隊の報告のとおり敵の進撃はいつでも始まりうる状況であった。我々はロストフ、タガンローグ間の街道に向けて北方に突破する可能性を想定していた。疲弊した我が歩兵の戦闘能力は充分ではなかったからだ。この状況からして大隊の任務は次のとおりに定められた——
1．ランゲ大尉指揮下の修理済みⅥ号戦車はロストフ西部に配置された戦闘工兵部隊の置かれた状態を軽減すべく、当該地の偵察を実行する。
2．ロストフ南西部にはⅢ号戦車が大隊長とともに残留し、ニジニェ・グニロフスカヤからの攻撃に備えて隷下部隊を掩護する。
3．2両のⅥ号戦車を、再び計画中の進撃のためにザンダー戦闘団（の第201戦車連隊）に抽出する……

　工兵部隊に付与されたⅥ号戦車は0500時、自らの行動を戦闘団指揮官と打ち合わせたのちに移動を開始。氷に覆われた街路がⅥ号

72：写真71と一連になっている別カット。右手には重戦車中隊長のクリンクSS高級中隊指揮官（SS大尉）が写っている。（ASKM）

戦車の行動を極めて困難にさせていた。いくつかの街路を担当していた敵の屋内火点を複数制圧したのち、工兵は前進を果たし、我が防衛線に入っていた亀裂を塞いだ。

1030時ごろ、凍結した路面ではスリップするばかりだったので、戦車は歩兵を残し、1100時に出撃陣地に戻った。

予想されていた敵のニジニェ・グニロフスカヤからの攻撃は0600時に始まり、戦車の支援も要せず撃退。1300時ごろ攻撃は再開され、我が歩兵は敵に圧迫されて後退を始めた。ランゲ大尉はニジニェ・グニロフスカヤ北西部に対する攻撃によって隷下部隊を支援し、状況を回復させる任務を命ぜられる。

1440時、VI号戦車は墓地付近の戦闘に向かい、歩兵と協同して夜までに敵をその出撃陣地まで押し返すことに成功した。

VI号戦車小隊は改めてザンダー戦闘団に配属された。（2月11日：著者注）0800時、敵は線路を越えてロストフ西駅へなだれ込んできたが、迅速な反撃によりこれを撃退することに成功。この戦闘でハンセン中尉のティーガーは砲塔に砲弾が命中し戦闘から離脱。戦車は帰還せねばならなくなり、小隊の指揮はツァーベル少尉が執った……

短い準備砲撃ののち、戦闘団は0900時に進撃を発起。VI号戦車

は敵の猛火をものともせず、ゆっくりと進む第201戦車連隊の戦車群の前に躍り出た……

　1両のⅥ号戦車は変速機の故障で帰還を余儀なくされた。程なくしてツァーベル少尉は頭部を負傷、彼の乗車は大きな被害を被り、これまた後退していった。夕闇の訪れとともにザンダー戦闘団は出撃陣地に戻った。

　敵の防御の堅固さを示すものとして、ツァーベル少尉の戦車だけでも様々な口径の火器による250発以上もの敵弾が命中していた事実が挙げられる。その内訳は、7.62㎝砲によるものが10発、4.5㎝砲のものが14発、残りは対戦車ライフルから発射されたものである。

　結果　戦闘の過程で6両の戦車（T-34が1両とアメリカ製軽戦車5両）、対戦車砲10門、迫撃砲数門、多数の小火器を破壊した。我が方の損害は負傷1名とⅥ号戦車4両（1両は機械的故障、3両は敵砲撃が原因）であった。

　結論　Ⅵ号戦車であろうとも、戦車を歩兵なしで攻撃に送り込んではならない。Ⅵ号戦車の乗員は自分たちの車両の装甲防御水準を非常に高く評価している。ティーガーは路面凍結のためにいつも道路から滑り落ちている。それは、履帯の地面の噛み方が不充分だからだ」。

　この戦闘について、今度はツァーベル少尉が記した報告を読むと尚一層面白い――
「1943年2月10日と11日の戦闘においてザンダー戦闘団は、敵の優勢な兵力と衝突した。先頭にいた小官の小隊のティーガーは、敵の銃砲火を主として我が身に引き受けた。射撃は基本的に正面方向と右翼から、対戦車砲や戦車砲、対戦車ライフルによって至近距離によって行なわれていた。

　攻撃早々に小官のティーガーは、車体前面に7.62㎝対戦車砲からの命中弾を受けた。前面装甲に固定してあった予備履帯は吹き飛ばされ、我々はにぶい金属音を聞き、小さな揺れを感じた……

　この後すぐ、車長キューポラに4.5㎝徹甲弾が命中した。それは視察装置防弾ガラスの保護筐体につっかえた。いずれにせよ防弾ガラスに意味はなかった。砲弾の破片によって防弾ガラスはひび割れて透明性など失っていたからだ。

　車長キューポラへの2発目の命中弾は防弾ガラス保護筐体を砲塔への固定具から外した。このとき熱波と煙が乗員を包み込んだ。戦闘の後で我々は車長キューポラに2発の4.5㎝砲弾と15発の対戦車ライフル銃弾の命中痕を数えた。

　砲撃によって装填手ハッチがつかえ、半開きの状態となっていた

73

74

73：武装SS「ダス・ライヒ」師団重戦車中隊のティーガー乗員戦闘訓練風景。車体前面装甲板にある機銃は専用防塵カバーで覆われている。1943年6月。(IP)
附記：前方のフェンダーは外側にフラップ式延長部が付き、サイドフェンダーも裏に補強材の入った、初期生産標準装備となっている。写真71の車両との差異に注意

74：武装SS「ダス・ライヒ」師団重戦車中隊所属ティーガーの修理作業風景。手前の車両は二色迷彩が施され、その奥には重量物吊り上げ作業に使うガントリー・クレーンが見える。1943年5月。(BA)

75：武装SS「トーテンコプフ」重戦車中隊の補充として到着した新車のティーガー。幅の狭い輸送用覆帯を履いているのが注目される。1943年5月。(JM)
附記：シャシー正面にチョークで記入されている数字は車台の製造番号で、この車両が250212号車であることを示している

——対戦車ライフルの銃弾が数発、ハッチのロック部品を吹き飛ばし、ハッチの蝶番を壊しており、戦闘後にこのハッチを開くには、鉄くずをテコにしてようやく可能だったほどである。

　敵は二日間にわたってティーガーに機関銃を浴びせ続けた。砲塔に取り付けられていた発煙弾は銃弾が当たって暴発していた。車内に流れ込んでくる煙は濃密で、乗員は戦闘を続けることが一時できなくなるほど息苦しいものだった……

　戦車への命中弾はそれぞれに鋭い金属音と衝撃、刺激性のある煙の塊や火花を伴っていた。乗員の神経は極限にまで張り詰めていた。我々は飢えも渇きも、そして時間をも忘れていた。ただ、攻撃がすでに6時間以上も続いていることを知っていたが、当時はその6時間も数分間のことのように思われた。

　しばらくして7.62cm徹甲弾が砲防楯に命中して復座装置を傷つけ、そこから液体（作動油）が漏れ出した。その結果、主砲を発射すると砲は後座したままになった。砲弾の命中とそれに続く振動で無線機、排気管と変速機レバーのリンクが壊れた。砲弾がマフラーの装甲を貫通するとエンジンが燃え上がったが、火災は消し止めることができた。砲塔天井に対して手榴弾が投げつけられ、我々は鈍い爆発音を聞いた。それから熱と煙が我々を包み込んだ。

　戦闘ののち、我々は戦車の装甲に227発の対戦車ライフルの弾痕と14発の4.5cm砲弾、11発の7.62cm砲弾の痕を数えた。履帯と右舷

76：武装SS「トーテンコプフ」重戦車中隊に到着した新車。本車は暗黄色の塗装が施されている。砲塔番号は911と思われる。1943年5月。(ASKM)
附記：ドイツ車両の迷彩基本色は1943年2月から変更され、工場出荷時すでに従来の黒灰色から暗黄色（RAL 7028 Dunkelgelb）に切り替えられていた。その上から現地で規定の迷彩色を塗布するが、実際にはさまざまに迷彩が施されることになる。

の懸架装置は深刻な損傷を受けていた。複数の転輪と転輪スイングアームは貫通弾を受けており、誘導輪は"向きを変えた"。しかしこれらすべての事態にもかかわらず、ティーガーはさらに60kmもの距離を自走しきったのである。命中した砲弾は溶接接合部を何箇所かで破壊、燃料タンク漏れを引き起こし、履帯の履板は何枚かが射撃にさらされたのだが、それがティーガーの機動性に大きな影響を及ぼしはしなかった。

　締めくくりにあたり、ティーガーの装甲は敵の最大級の密度の射撃に耐えうる性能を持つことが断言できる。乗員は既存の大半の徹甲弾の命中を"撥ね返す"ことのできる装甲が守ってくれていることを知り、戦闘中の身の安全に自信を持っていた」。

　今見た文書資料からわかるとおり、ツァーベル少尉による戦闘描写は大隊本部の報告よりも"英雄談的"である。そのうえ、ツァーベルが書いている損傷を受けた後にティーガーが60kmも問題なく自走した、ということに筆者は疑問を感じる。

　それから2月14日までの日々、第503大隊はロストフ西駅とチャルティリの地区における反撃に参加していく。しかし、一度に戦闘に加わるティーガーの数は6両を超えなかった（残りは修理中であった）。

　2月22日に2両のティーガーとⅢ号戦車5両がサルマーツカヤ・

77：ハリコフで平台貨車に載せられた第503重戦車大隊大隊本部中隊のティーガー（砲塔番号はⅡ）。1943年5月。戦車の履帯が貨車からいかにはみ出ているかがよくわかる。(IP)

バールカ付近でソ連軍進撃部隊に反撃、4両のT-34を屠った。ただし、赤軍砲兵の射撃によってティーガーとⅢ号戦車が各1両大破したのも事実である。ロストフをめぐる戦闘で第503大隊が最後に損害を出したのは1943年3月10日のことである。この日の戦闘で6両のティーガーのうち2両が、ドイツ本国での修理を余儀なくされるほどの深刻な損傷を受けることになった。

3月19日の時点で大隊に残るティーガーのうち稼働状態にあったのは9両だけで、残る12両は修理中かあるいは後方に下げられていた。こうして北カフカスとロストフ近郊における第503重戦車大隊の冬季作戦は終結した。1943年の1月から3月にかけての戦闘で全損となったティーガーは6両、さらに2両が修理のため後方送りとなった（これら2両は後に廃車となった可能性もある）。この間に第503大隊が破壊したソ連戦車は、ドイツ側の資料によると69両を数え、その大半はT-34とされている（一部の車両はⅢ号戦車の砲撃にて破壊）。興味深いことに、1943年1月6日の最初の戦闘には、20両あったティーガーのうち17両が参加しているのに、その後は戦闘可能なティーガーの数が激減している──例えば1月9日は11両であったのが、1月20日にはわずか2両だけとなった。第3中隊の到着後も状況はあまり変わらなかった──ロストフ攻防戦では一度の戦闘に加わるティーガーの数は7両（大隊保有総数の約30％）を上回らなかった。ここで、ドイツ軍はティーガーをすべて使うことはせず、一部の車両を予備に残していたのだと言う人もいる

78：第505重戦車大隊第3中隊のティーガーが出撃線に進み出ていく。1943年7月。手前の車両は暗黄色と茶色の迷彩が施され、砲塔番号は321である。（ASKM）
附記：標準的な初期生産仕様の特徴を見せる車両。砲塔には予備履板を装備しているが、この制式導入は1943年4月中旬ごろの生産車からとされる。

78

だろう。そうだったのかもしれない。しかし筆者は、"登場戦車数"がこれほど少なかった原因は、大隊の重戦車の大半が常に修理中だったことによるものだと考える。一部のティーガーは機械的な故障で壊れていたことも排除できないが、修理中の車両の大部分が戦闘損傷を被っていたことは間違いない。実は、新しいドイツ戦車の機能を奪うのは極めて困難であった——76mm砲弾は前面装甲を撃ち破ることができず、側面装甲が"受け止める"のは極至近距離（200m以内）からの砲弾だけであった。もちろん、多数の徹甲弾の鉄塊の衝撃で（側面に対して打撃はかなり強烈だった）車内の機器やエンジンや視察装置が壊れた。また、砲撃で走行装置や主砲を不能にすることも可能であった。つまり、ティーガーの装甲が貫通されなくとも、これを機能不全に陥らせること、しかも"長患い"させることはできるわけだ。

　ソ連の戦車兵と砲兵は初めてティーガーと遭遇するや、これらの車両を破壊するのはかなり難しいことを悟って集中砲火を浴びせることにし、その成果も悪くはなかった。そのような例として1943年1月10日のブチョンノフスク付近での戦闘を挙げることができよう。このとき2両のティーガーが250発以上もの砲弾と対戦車ライフルの銃弾を浴び、修理のためドイツ本国に送還されたものの、後に処分されることになった。同じような情景は大隊司令部とツァーベル少尉が記した1943年2月10日〜11日の戦闘報告にも見られる。このように、1943年の初期の戦闘は、ティーガーと戦うことが可能なことを示したのである。もちろん、この戦車が戦場において非常な強敵であったことは疑いない。

　1943年3月15日、第503重戦車大隊の指揮官であるホーゼル中尉（ホーハイゼル中佐の誤りと思われる：監修者）は1943年1月〜3月の戦闘結果について報告を行なった——

　「7.5cm短砲弾38HL（7.5cm kurz Granatpatrone 38HLがⅢ号戦車N型で使用された：著者注）と8.8cm徹甲弾（8.8cm Panzergranate）の使用結果は次のとおり——

　7.5cm砲弾の消費抑制は、距離1,000m以内での目標破壊の場合にのみ達成しうる。それ以上の距離での目標破壊にはより多くの砲弾を必要とする。砲身長が長くはなく、したがって発射初速が低いことから、大気などの環境条件が弾道に影響を及ぼし、それはしばしば非命中弾を増加することにつながる。

　8.8cm徹甲弾は敵戦車に対して長距離であっても充分に役立つ。もっとも有効な射程は1,200〜2,000mである。2,000m以内の距離での命中は初弾で目的を達することができる。

　しかし視界が良好であれば、目標の破壊は3,000mの距離まで可能だ。例えばあるⅥ号戦車が距離2,500〜3,000mで5両のT-34を

破壊すべく18発の射撃をしたが、前線を横に動いていたのは3両だけであった（かなり奇妙な申告だ。T-34の鋳造砲塔について語っているのかもしれないが、その装甲厚は80㎜もなかった：著者注）。

　ティーガー主砲の照準装置は部隊の要求を満足させている。しかし次の改良が施される必要がある──
1．双眼式照準装置前方の保護ガラスはしばしばくもり、汚れやすくもあるため、両方の鏡胴にワイパーが必要だ。照準装置の掃除には毛皮の代わりに皮革を用いるほうが良い。
2．左側照準器の固定式目盛りは、右側同様可変調整式でなければならない。そうすれば右側照準器が破損した場合も、左側を使い通常の手続きによる方法での照準が可能となるからだ。左目を使用する照準手にとっては、照準器を個別に使うことが可能である。右と左の目盛りが交錯するのを避けるため、照準手は片方の照準器をワイパーで覆うことができる。
3．照準手のためにT-34戦車同様、照準潜望鏡（ペリスコープ）を装備すべきである。しかも視察口部分は固定された接眼鏡に対して動くようにしなければならない。これは照準手により広範囲な視界をもたらし、より迅速な目標発見を可能にする」。

第**4**章

ハリコフの戦い
БОИ ПОД ХАРЬКОВОМ

79

79、80：撃破された第505重戦車大隊所属のティーガー。この車両は赤軍部隊に鹵獲された。1943年7月。(ASKM)
附記：生産ラインが本格稼働し量産された標準的な初期仕様としての特徴を示す車両。

　編成定数K.ST.N.1176d Ausf.Bのティーガー中隊を初めて実戦のなかで試すことになったのが、1943年2月から3月のハリコフでのソ連軍攻勢の撃退とそれに続くドイツ軍の反撃においてであった。2月の初めには、武装SS第1「ライプシュタンダルテ・アードルフ・ヒットラー」、第3「トーテンコプフ」、第2「ダス・ライヒ」の各機甲擲弾兵師団部隊が到着し始めた。これらの部隊はそれぞれティーガー中隊を1個擁していた。その後、ドイツ軍の反撃が実施されている段階で、新たに「グロースドイッチュラント」機甲擲弾兵師団のティーガーも戦闘に加わった。

　ハリコフ郊外に最初に到着したのは「ダス・ライヒ」師団の重戦車中隊（ティーガー10両とⅢ号戦車L型12両）である。この中隊は2月1日から2日の間にクラスノグラードの近くで荷降ろしした。

　2月8日、最初の戦闘で中隊長が戦死、2月11日には1両のティーガーが地雷を踏んで、赤軍部隊に鹵獲されてしまった（この5日後

に中隊はティーガー1両を補充される）。

　重戦車中隊は1943年3月21日までノヴォモスコフスク、パヴログラード、ロゾヴァーヤ、ベレーカ、ハリコフの各地区で戦闘行動を繰り広げた。ただし、一度の戦闘に加わるティーガーの最大数が5両を上回ることはなかった（2〜4両のこともしばしばであった）。2月11日に赤軍部隊に鹵獲されたティーガーのほかに、もう1両が3月1日にベレーカへの近接路で砲撃により大破した。補充された1両を含めおいて、「ダス・ライヒ」師団所属重戦車中隊の損害率は18％となる。同期間に中隊の戦車兵が破壊したと申告するソ連戦車は29両で、すなわちティーガー1両がソ連戦車2.6両を破壊した計算となる。

　1943年2月7日から9日にかけてメレーファ地区で「ライプシュタンダルテ・アードルフ・ヒットラー（LAH）」師団第13重戦車中隊（ティーガー10両とIII号戦車L型15両）が資材を降ろした。三日後の2月12日、メレーファ地区のティーガー1両がソ連軍の砲撃で大破、さらにもう1両が3月5日に砲撃を受けて全焼した。「LAH」師団の重戦車は1943年3月22日までベレーカ、ヴァルキー、ハリコフ、ベルゴロドにおける戦闘に加わった。3月8日以降の戦闘に参加したティーガーは1〜4両で（1両も参加しない日もあった）、残りは定期的に修理中の状態にあった。中隊長の報告によると、

81

82

83：ソ連軍部隊に撃破された第505重戦車大隊のティーガー。車体側面には有刺鉄線が付けられているが、これはツィタデレ作戦期間中の第505大隊ティーガー特有の艤装であった。1943年7月。(ロシア国立映画写真資料館所蔵：以下、RGAKFDと略記)

81、82：写真79、80と同一車両の別アングル。こちらの写真では黒灰色の基本塗装の上に塗られた暗黄色の縞模様の迷彩がよく分かる。(ASKM)

附記：生産ラインで黒灰色として完成された車両も、現地で暗黄色をオーバーペイントするように指示された。本車もそうした処理がなされたものと思われる。

1943年の2月12日から3月22日までの間にティーガーは21両の敵戦車を倒し、しかもその中には1両のKV-2重戦車までもが含まれていた(いったいどこでドイツ兵たちがこの戦車を見つけたのかは占うほかない。この車両は1941年から放置されたままだったのだろうか？)。かくしてティーガー1両が敵戦車2.1両を葬ったことになる(原資料の21両という数字が正しければだが)。ティーガーの全損は当初の保有数の20%である。

武装SS「トーテンコプフ」機甲擲弾兵師団の重戦車中隊(ティーガー10両、Ⅲ号戦車L型15両)がポルタヴァに到着したのは1943年2月16日のことであった。これらのティーガーは3月21日までクラスノグラード、パヴログラード、ロゾヴァーヤ、ハリコフの各地で行動した。しかしこの中隊は敵戦車破壊について何の連絡も行なってすらいない。ただ3月20日にイワノフカ村付近で1両のティーガーが大破、全損となった。このほか2両のティーガーが氷の中に没し、大修理のためにドニエプロペトロフスクに送り出されている(1両の車両を回収するのに5日間から2週間もかかり、複数の18トン牽引車と戦車を必要とした)。ハリコフ攻防戦の開始(1943年3月10日)以降、戦闘に参加した「トーテンコプフ」師団重戦車中隊のティーガーの数は3両までであった。

最後にハリコフに登場したティーガーは「グロースドイッチュラント」機甲擲弾師団の所属車両であった。1943年2月17日、その

84

84、85：赤軍部隊に鹵獲された第505重戦車大隊第3中隊長の乗車（砲塔番号300）。黒灰色の基本塗装の上に暗黄色と茶色の二色で迷彩、砲口制退器は破砕されている。1943年7月。（RGAKFD）

　第13重戦車中隊（ティーガー9両）はポルタヴァで器材を降ろし、3月7日にチュートヴォ～コロマーク地区の戦闘に突入した。その後はコヴャガ、スタールイ・メルチク、ボゴドゥーホフ、グライヴォロン、ベルゴロド、ストレレーツコエの各地を転々とした。この間戦闘に参加するティーガーの数は次第に減っていった――3月7日には8両だったのが、11日には6両となり、12日には4両、16日にはわずか1両、そしてついに3月21日（ハリコフ戦の終結時点）にはすべての車両が修理中の状態であった。
　これらの戦闘における「グロースドイッチュラント」師団のティーガーの戦闘活動に関する文書が興味深いのでいくつか見てみよう。まず師団司令部は1943年4月3日付で次のように報告している――

「1．1943年3月7日～20日の間に250両のT-34、16両のT-60/70、3両のKV-1を撃破した。
2．このうち：
188両はⅣ号戦車（長砲身）により撃破
41両はⅢ号突撃砲（長砲身）により撃破
30両はⅥ号戦車（ティーガー）により撃破
4両は車両牽引式7.5cm対戦車砲により撃破
4両は7.5cm対戦車自走砲により撃破

86：砲塔番号300のティーガーのもう1枚の写真。村落に牽引されて行く途上。（ASKM）

85

86

1両は歩兵重火器射撃の直撃により撃破
1両は爆薬により撃破。

　参戦当初の「グロースドイッチュラント」戦車連隊は5両のⅡ号戦車、20両の5cm L/60搭載Ⅲ号戦車、10両の7.5cm L/24搭載Ⅳ号戦車、75両の7.5cm L/43搭載Ⅳ号戦車、9両の8.8cm L/56搭載Ⅵ号戦車（ティーガー）、2両の5cm L/42搭載指揮戦車、26両のⅢ号火焔放射戦車を保有。全損は5cm L/60搭載Ⅲ号戦車1両、.5cm L/24搭載Ⅳ号戦車1両、7.5cm L/43搭載Ⅳ号戦車11両、Ⅵ号戦車ティーガー1両である。

3. ロシア戦車の装甲が質的に低下したとは言えないものの、一層黒ずみ、仕上がりは粗い。戦車は寸法合わせの工程のあとが見られないことから、突貫作業で製造されたことが分かる。T-34戦車の砲塔はいくつかの部品から組み立てられる。T-34戦車の多くは、2枚の1cm鋼板の間に厚さ6cmの鋳鉄を挟んで装甲が施されている（かなり奇妙な報告である。T-34の鋳造砲塔のことかもしれないが、それは80㎜もの厚みはなかった：著者注）。

4. ロシア戦車の指揮は、各車両に将校1名が搭乗しているにもかかわらず、全般的に稚拙である。ロシア戦車の乗員たちの練度と士気は顕著に低下。彼らの訓練は通常、戦車工場で行なわれている。停車中の射撃精度は良好である。無線通信は（アメリカ製無線装置の取り付けにより）改善されたようである。ティーガーが出現するとロシア兵はうろたえ始めるのが認められる。

　総じてロシア兵は集中的な戦車攻撃を実行することができない。そのかわり彼らは4両〜9両の戦車で攻撃し、無線を使って戦闘の加勢に行かせているが、戦車乗員の戦闘意欲を高めるため、しばしば不正確な状況が伝えられている。

5. ロシア戦車に対して非常に効果的なのは、それらが進撃してくるときに迂回包囲することである。ティーガーは特にこのような場合に使用するのが良い。ロシア兵は両翼や背後から迂回包囲されるとうろたえて、効果的な防御を組織する能力がない。そのときに彼らを殲滅するのはきわめて容易である。

　戦車連隊内のティーガー中隊に加え、3〜4両のティーガー（配備済みの5cm砲搭載Ⅲ号戦車なしで）を各戦車大隊に追加するよう努めねばならない。こうなれば望ましい。なぜならば、ティーガーは対戦車砲を備えた防御地帯を突破する能力に優れ、さらに停車直後に長距離射撃を始める敵の攻撃戦車を良く"撃ち倒す"からだ。

　基本的にロシア戦車の弾薬搭載量は砲1門に100発（榴弾75発、徹甲弾25発）である。弾薬の品質は良い。徹甲弾は貫徹能力に加えて、装甲の内側で爆発する性格を有する。徹甲弾が我が戦車の装甲を貫通すると、しばしば乗員全員が重傷を負っている。

87：赤軍中央方面軍第2戦車駆逐師団の砲兵に撃破された第505重戦車大隊のティーガー。前面装甲に大隊標識である白い牡牛が見える。車体左側面に命中した砲弾の数に注目される。1943年7月。(ASKM)

　我が軍の徹甲弾はきわめて効果的で非常に命中精度が高い。それに対して成形炸薬弾は着弾のばらつきが大きく、使用できるのは500mまでである。より大きな射程で命中させるには大量の弾薬を消費せねばならないが、破壊効果はすばらしい。ところが我が戦車兵たちはこのタイプの砲弾を信用しておらず、徹甲弾の数量を増やすことが望まれる」

　敵戦車の破壊に貢献したティーガーの割合が全部で30両（全体の11％）とあまり目立たないことがすぐに気づかれるだろう。第一位を占めるのはIV号戦車で、ほぼ70％に上る。戦車1両あたりの敵戦車破壊数ということで計算すると、IV号戦車1両は約2.5両を、ティーガー1両は3.3両を破壊したことになる。両タイプの戦車の全損数はほぼ同じで、ティーガーは11％（9両のうち1両）を、そしてIV号戦車は15％（L/43砲搭載車75両のうち11両）を失っている。このように、1943年3月の戦闘における「グロースドイッチュラント」師団のティーガーの戦闘効果はIV号戦車のそれと同程度であり、これらの戦闘ではドイツの新型戦車の偉大な役割について特記すべきことはないのである。

　1943年3月7日〜19日のポルタヴァ〜ベルゴロド地区の戦闘におけるティーガーの運用に関する「グロースドイッチュラント」師

団戦車連隊第13戦車中隊長の報告がおもしろいのでここに引こう——

「最近のティーガーの戦闘運用はティーガーの大きな必要性を明らかにした。ティーガー戦車中隊は戦車連隊において2個の戦車大隊のほかに加えられた独立部隊である。9両のティーガーの非常に優れた装甲防御と強力な兵装のゆえに、この部隊は先鋒で行動せねばならことが我々にははっきりした。それに、個々の戦車を偵察に用いることも想定されていた。

ティーガーはろくに保守点検も受けずに行動せねばならなかった。オイル交換すら長く行なわれなかった。これは戦車が一日中戦闘にあり、夜間は警備に当たっていたことによるもので、規定上の必要な作業を実施することは不可能であった。これが、はやくも戦闘の5～6日後に最初の機械的故障発生につながった。もちろん、規定の態勢で戦車の保守点検作業が行なわれていれば、このような問題は避けえたであろう。

深刻な故障は走行装置に発生し、それより少ないもののシフトレバーの同調装置にも起きていた。第二の問題は部分的に変速機潤滑油の適時交換に関係している——エンジンの"過回転"と大きな温度変化によってオイルの潤滑性が大幅に低下するのである。エンジンの不具合は機械的故障によって発生するケースもある。

88「グロースドイッチュラント」師団第3重戦車大隊第9中隊長乗車。砲塔番号はA02。アハティルカ地区、1943年8月。(BA)

89：「グロースドイッチュラント」師団第3重戦車大隊のティーガー。砲塔番号C01、第11中隊長の乗車である。1943年8月。(BA)

　ティーガーのように複雑な戦車にはしっかりした整備と技術的な支援が不可欠であり、機械的故障は最初の不具合の兆候が現れたらすぐに解決されなければならない。これを確実にするためには、戦車連隊に2個目のティーガー中隊を至急付与ことが求められる。そうすれば、両方のティーガー部隊を様々に運用することが可能となろう。戦車連隊の中で2個のティーガー中隊をひとまとめにする必要性も出来し、そのほうが各戦車大隊に1個中隊ずつ配属するよりも目的に適う場合もあろう。また、1個中隊が敵の防衛線を突破するに当たって先鋒の任務を遂行している間、2個目の中隊が連隊予備として待機し、保守点検作業を受けることもできる。それぞれの戦車大隊にティーガー中隊1個を重戦車中隊として付与しても現下の状況に変化はもたらさない。各戦車大隊は重戦車を最大限に利用しようとするからだ。それは、重戦車が常に行動中で、修理や保全のための時間がなくなることにつながる。ティーガーのような複雑な戦車は、空軍戦闘機を扱うように使用、整備されるべきである。そうした場合にのみ、我々は同じような水準の保守点検を保障することができ、ティーガーを稀代の兵器として誇ることができよう。

　Ⅲ号戦車はティーガー戦車中隊の一部である。これまでの戦闘は

90

90：武装SS「ライプシュタンダルテ・アードルフ・ヒットラー」師団第13重戦車中隊所属車。砲塔番号は1311。1943年7月。(IP)

また、当初はティーガーの掩護用に想定されていたⅢ号戦車がその任務を充分遂行できていないことを明らかにした。敵の火器はティーガーよりもこちらの方を好んで射撃している。ここで中隊の配備戦車を一種類にすることで、中隊内の戦闘可能な戦車の数を増やすことも可能だ。ティーガー中隊にとって予備部品の補給と修理を管理組織することはとても非効率的で複雑な作業である。なぜならば、ティーガー用の予備部品に絡む困難に加えて、Ⅲ号戦車用の予備部品を調達する必要もあるからだ。そこでもっとも現実的なのは、中隊の編成を単一種の戦車――ティーガーに統一するよう修正することである。

　工兵小隊　攻撃時にはたいていの場合、河川の渡渉可否や橋梁の積載能力を調べることは、熟練の専門スタッフが不足しているために可能だとは思えない。ティーガー戦車中隊内の半装軌式装甲兵員輸送車に搭乗する工兵小隊を使うのが有益であろう。その場合、工兵小隊は橋梁の修復や渡河の準備、地雷の除去を請け負うこともできる。この小隊のために想定される装備は装甲兵員輸送車Sd.Kfz.250が1両とSd.Kfz.251が6両、それに3台の半装軌式トラックである。

　総括的および技術的結論　2両のティーガーは偵察中に20両ものロシア戦車の横隊に遭遇し、さらに数量の敵戦車がティーガーを背後から襲った。この戦闘ではティーガーの兵装と装甲防御が最

91，92：陣地で88㎜完成弾薬砲弾の搭載作業を行なう乗員。武装SS「ライプシュタンダルテ・アードルフ・ヒットラー」師団重戦車中隊所属車両。この作業はけっして楽ではなかった。写真92では戦車の車体に取り付けられている擲弾発射筒がはっきりと見える。1943年7月。(ASKM)

91

92

89

93

93，94：戦闘が終わって休息する乗員たち。撃破された車両は、武装SS「ダス・ライヒ」師団軍戦車中隊所属、砲塔番号S02のティーガー。砲塔には中隊標識の"踊る悪魔"が見える。左側の転輪が一部欠落している。1943年7月。(ASKM)

　高レベルの評価に相応しいことが明白となった。両車とも500～1,000mの距離から10発以上の命中弾（主として7.62㎝徹甲弾）を受けた。装甲はあらゆる方向からの射撃に耐え、貫通したものは一発としてなかった。走行装置への命中はティーガーの走行能力を奪った（転輪の一部のスイングアームがもぎ取られていた）。装甲の表面に7.62㎝徹甲弾の飛礫が絶え間なく"打ちつける"間、戦車の乗員は冷静に目標を選び、照準を定めて射撃した。ティーガーが命中弾を受けたところの塗料が縮み燻りながら、細い煙の糸が立ちのぼり換気装置に吸い込まれていった。戦闘の結末は──15分間に2両のティーガーによって10両の敵戦車が行動不能となった。

　初弾から命中しうるのは通常600～1,000mの距離であった。これらの距離では8.8㎝徹甲弾がT-34の前面装甲を常時貫徹し、しかもさらに戦車のエンジンを破壊することもできた。稀なケースでは、T-34は前面を撃破されて炎上することが何例かあった。これらの距離での射撃は80％の割合で側面を貫徹し、タンク内の燃料を発火させた。1,500m以上の距離でさえ、天候が良好であれば弾薬消費を最低限に抑えてT-34を倒すことができる。T-34に対する榴弾射撃の実験は、現時点では榴弾の数が少ないため実施していない。

　機動性　ティーガー2両が5両のT-34を追跡したことがあって、そのときの両者の距離は2kmであった。ティーガーは、地面を覆う雪が薄く地面も固かったにもかかわらず、距離を縮めることができな

かった。しかしこれはティーガーの機動性がT-34より劣るということを意味してはいない。ティーガーは突破戦車としての役割を良く果たしているが、それはティーガーの機動性が高いからにほかならない。重戦車にしては比較的速い加速は驚くべきで、この事実は前方部隊で運用する上で極めて重要である。深さ1.5mまでの積雪はティーガーにとって障害ではない。

エンジン　ティーガー全車から、車内暖房用装置［ラジエーターで熱交換した暖気を車内に導く外部取付式装備。東部戦線冬期用に支給されたもの：監修者補足］が取り外された後は、エンジンの冷却液温度は平均60℃以下を維持している。これ以後エンジン火災が発生することもなく、排気管冷却にも充分な量の空気が入るようになった。エンジンは滑らかに問題なく始動させたいのであれば、日常的に注意深い手入れが必要だ。ときおり、長時間の稼働後に排気管から高さ50㎝ほどの炎が噴き出すこともあり、これは夜間に遠くからでも視認される。

兵装8.8㎝砲はその効果と信頼性を証明してみせた。電気式撃発装置に問題はない。5,000m離れた移動中の敵砲兵縦隊を榴弾で砲撃したところ、3発目で直撃した（ティーガー戦車からの榴弾射撃は各車両の装備に含まれる砲兵高低照準装置を使えば距離5,000mまで可能であった：著者注）。人馬はすぐに伏せた。徹甲弾は距離

附記：原キャプションでは"休息"と書いているが、実際は故障のためなす術もなく回収を待っているところ。右側車輪のサスペンションがへたっているようだ。サイドおよびリアマッドガードは標準生産品ではなく、それ以前に使用されていたものが付いている。車体後部左にある筒はアンテナの収納ケース。写真93で確認できるように車体右天井部にもアンテナ基部があり、本車両が指揮戦車として製造されたものだということがわかる。

94

1,500m以上のT-34の装甲を最小限の弾薬消費量で貫徹することができる。

　装甲　あらゆるケースにおいて装甲は7.62cm徹甲弾と榴弾の射撃に耐えうる。一度、7.62cm徹甲弾が車長キューポラの基部に命中した——車長キューポラは溶接の継ぎ目に沿って引きちぎられ、根元から飛ばされた。砲弾はまた砲塔を二つに引き裂いた。視察装置の固定具は完全に吹き飛ばされ、戦車長は重傷を負っている。

　ティーガーの最初の戦闘の後、発煙弾発射装置は取り外された。これは銃弾や破片が当たると誤作動することがあったためである。こうなると煙が戦闘室に入ってくるため乗員は、すぐさま車両を離れざるをえなくなる。一度などは操縦手が煙によって中毒死してしまった。

　渡河　ティーガーが水深1mまでの浅瀬を渡渉する場合はほとんど毎回、車底のハッチ［点検用ハッチのこと］はすべて閉まっているにもかかわらず車内は水浸しとなった。岸に上がると、ティーガーの車体のすべての孔から水が流れ出していた。たいていの場合これらの戦車は橋を使うことができず、浅瀬を探さざるを得ないため、水深1.3mまでの渡河を可能にするような処置を急ぎ必要とする（量産ティーガーの最初の495両は潜水渡渉用装備を持っていたとする一部の論者たちの主張に合わない、かなり興味深い事実である：著者注）。［監修補足：潜水渡渉の装備はあったが、実用の認可が下りなかった可能性がある。1mといえば車体天井高さよりも低い位置であり、潜水渡渉能力うんぬん以前の問題だ。水密性を高めるため工程と部品数を増やしてまで複雑な構造を許したティーガーが、普通に河を渡っただけで車内が水浸しになるというのは、明らかに構造面、または製造加工精度に問題があったことの証左ともいえる］

　周知の"小児病"を除けば、ティーガーはⅢ号戦車やⅣ号戦車をはるかに上回る戦闘性能を発揮した。

　適時修理や保守の措置をとれば（およそ三日間の戦闘に対して一日の技術保守点検）、現在の状況下でさえもティーガーはすばらしい成果を挙げうる。しかし整備／修理部門に優秀な要員や経験豊かな操縦手、知識のある技術スタッフたちを迅速に派遣しなければならない。操縦手の訓練においては戦車の各部分、部位、機構の相互関係に関する知識と、ティーガーの走行距離に応じた手入れと保守の慣熟に主な力点を置くべきである。操縦経験はさほど重要ではない。操縦手が操縦桿やシフトレバーの扱い方を理解すれば、戦車をしかるべく運転することはできるからだ」。

　1943年2月、3月のハリコフ近郊におけるティーガーの戦闘活動を総括すると、ティーガーたちはなんら決定的な役割をも果たして

いないと断言できよう。ティーガーが破壊した敵戦車の総数は（ドイツ側のデータによると）80両であるが、これはティーガー1両あたり2両の割合である（ハリコフの戦いには全部で40両のティーガーが参加）。しかし自らは8両の全損（6両の全損と氷に陥没して大修理を必要とした2両）という、つまり事実上1個中隊規模のかなりな損害（参戦車両総数の20％）を出しているのだ。そのうえ、相当数のティーガーが深刻な戦闘損傷を受け長期修理を必要としていた（このような車両は40％にも上ったと筆者は推測する）。さらに、一部のティーガーは技術的な原因で故障していた。戦車の運用は非常に複雑で、操縦手は経験が不足気味であり、1943年2月～3月の戦闘では長距離行軍の際に多くのティーガーが故障し、踏破が難しい場所ではスタックした（その一例として「トーテンコプフ」師団の氷中に没した車両を挙げることができる）。その結果、ハリコフ近郊での戦闘活動が終わる頃の中隊内には、重戦車は稼働ティーガーが1～3両ずつしか残っていなかった。このように、ドイツの新型重戦車が1943年の2月から3月のハリコフの戦いになんら特別な貢献をしなかったことは間違いようのないところである。

第5章
新しい組織編制へ
ПЕРЕХОД НА НОВУЮ ОРГАНИЗАЦИЮ

95：戦闘任務を受け横列を組む武装SS「ダス・ライヒ」師団重戦車中隊の6両のティーガー。一番手前の車両の砲塔には中隊標識の"踊る悪魔"とS32の番号が見える。1943年7月。(JM)
附記：装填手ハッチの前方にペリスコープのガードがある点に注意。この装備は砲塔製造番号184から導入されたもの。

　ロストフ、そして特にハリコフでの戦闘運用の経験は、新型重戦車の組織編制と運用に関し、一連の結論に導いた。その結論に基づいて採用された決定が第二次世界大戦終結までのティーガーの部隊編成と行動戦術を規定することになる。

　時はまだハリコフ方面の戦闘が苛烈を極めていた1943年3月5日、陸軍参謀本部は重戦車大隊の新しい編成定数を承認し、大隊は本部と本部中隊、3個戦車中隊、1個整備／補修中隊から編成されることになった。

　編成定数K.ST.N.№1150eによると、本部中隊は大隊本部の3両のティーガー（うち2両は無線装置を追加装備した指揮戦車）を持ち、さらに通信小隊、偵察小隊（装甲兵員輸送車10両）、工兵小隊、対空小隊（Sd.Kfz.7/1　6両、これは20mm四連装対空機関砲Flak38搭載の8トン半装軌式牽引車）を各1個で編成される。

　定数K.ST.N.№1176eの戦車中隊は主計中隊と2両の本部付戦車

（ティーガー）と各4両配備の戦車小隊3個（中隊内のティーガーは全部で14両）を有し、さらに輸送部隊（自動車22台）、衛生部隊、整備／補修部隊を抱えることとなった。輸送部隊は3個のグループからなり、そのうち2個は戦車用の弾薬・燃料の運搬に当たり、残る1個は戦車中隊全体の資材や予備部品などの輸送を担当した。

整備／補修中隊は2個の半装軌式牽引車小隊（1トン牽引車Sd.Kfz.10全8両）、自動車小隊、回収小隊（18トン牽引車Sd.Kfz.9全8両）から編成される。

1943年3月5日発効の新しい編制定数によれば、重戦車大隊は1,093名の人員（将校28名、下士官274名、兵694名、戦車保守整備の民間人専門家7名）と90名の「ヒーヴィ」というソ連軍捕虜出身の義勇顧問を擁することになった。装備は次のとおりである——ティーガー45両、装甲兵員輸送車Sd.Kfz.251 10両、半装軌式牽引車搭載対空砲Sd.Kfz.7/1 6両、半装軌式牽引車18両（Sd.Kfz.9 8両、Sd.Kfz.10 8両　原文ママ）、自動車搭載クレーン3基、トラック135台（高踏破性トラック111台、民間用トラック24台）、乗用車66台（軍用64台、民間用2台）、オートバイ42台（サイドカー付25台、サイドカーなし17台）。

新しい編成定数の重戦車大隊はこのように、多くの人員と多様な装備を持つかなり複雑な部隊となった。戦車とその他の戦闘車両の

96：戦闘の合間の武装SS「トーテンコプフ」師団第9重戦車中隊のティーガー。砲塔番号932。車両は砲塔の上からネットが被されている。(IP)
附記：擬装用ネットでわかりにくいが、この車両も装填手ハッチ前方にペリスコープ用ガードがある。

97

97：戦闘配置に就いた第503重戦車大隊第3中隊のティーガー、砲塔番号334。車体側面には丸太を搭載するブラケットが見える。1943年7月。（ASKM）

　数量でも、また人員の点でも、この重戦車大隊はソ連軍の1943年当時の戦車旅団に匹敵し、自動車やその他の補助装備の数量の面でははるかに上回っていた。

　しかし、ドイツ国防軍部隊のすべての指揮官たちが重戦車大隊の編成に賛成だったわけではない。例えば「グロースドイッチュラント」師団の司令部は、1943年3月のハリコフ戦の結果に基づき、2個のティーガー中隊を戦車連隊に付与するべきだと主張していた。だがこの視点は"上層部"の支持を得られなかった。

　1943年4月11日、陸軍参謀本部付戦車兵担当将校は「グロースドイッチュラント」師団の提案をこうコメントしている——

　「ティーガーを戦闘隊形の先鋒として使用することは、それほど自明のことでも正しいことでもない……もし師団にティーガーが9両しかないのであれば、それらに敵戦車を攻撃する任務を課すことは不可能である。ティーガーの損失はしばしば、地雷による爆破や橋梁の損壊や踏破困難な地勢が原因となっている。そのうえ、身動きの取れないティーガーはこれまたしばしば道路を遮断するものとなってしまう。

　ティーガー戦車の臨戦態勢を高めるには、ティーガーを（重戦車

97：出撃線に進み行く第503重戦車大隊第2中隊のティーガー。この大隊に所属する車両の特徴は砲塔番号と2個のバルケンクロイツが雑具箱に記入されていること。この写真では200号車と242号車の番号が読み取れる。1943年7月。(ASKM)

附記：実際に行軍しているのは第3中隊の所属車両で、第2中隊の車両は路肩で小休止しているようだ。同じ部隊でも、編成時期の違いや機材の受領状態の差などから装備がかなり異なっている点がおもしろい。

著者注※：
装甲兵総監または装甲部隊・騎兵部隊・陸軍自動車課総監（第6監察）は予備軍司令部に従い、部隊の態勢や戦闘訓練の監察を行なっていた。当該時期の装甲兵総監はG・エーベルバッハ戦車兵将軍であった。予備軍は実働軍用補充兵力の訓練に携わり、予備軍司令官は陸軍兵長官も兼ねていた。

大隊のような）個別の独立部隊に集中させて、その中で高度の技術整備を保障することが不可欠である。まさしくそれゆえに装甲兵総監※はすでに何度も、戦車師団の中に3個中隊からなる重戦車大隊を創設するよう提案を行なってきたのである。このような事例はすでにある——第10戦車師団（北アフリカ：著者注）に第501重戦車大隊が配属されている。

　工兵小隊は戦車大隊の本部中隊に付属して編成される。工兵小隊を各中隊に配属するのは得策ではない……

　ティーガーが優れた踏破性能を持つことは周知のとおりだ。しかしT-34戦車の出力重量比（対重量比馬力）が19hp/t なのに対し、ティーガー戦車のそれは11.5hp/でしかないため、加速性と最大速度ではT-34がティーガーを上回るであろう……

　戦車乗員用として有用な暖房装備の装備は1943年から1944年にかけての冬季に予定されていた。90mm発煙弾の欠陥は有名だ。しかし装甲兵総監は砲塔に発煙弾用と破裂弾用の二種類の擲弾装置を設置するよう要求した」。

　類似の内容を持つ報告書をH・グデーリアン装甲兵大将**も陸軍

99：トラックの荷台に取り付けられたタンクからガソリンの補給を受ける砲塔番号332の第503重戦車大隊所属ティーガー。1943年7月。（ASKM）

附記：この車両は小川を渡ろうとして滑落し、僚車によって引き上げられるまでの一連の記録写真が、多くの出版物に掲載されているため有名。単独のティーガーとしてはある意味、いちばん写真資料の多い車両かのしれない。

著者注※※※：
装甲兵大将は陸軍参謀総長付の監察機関も指揮し、実働軍戦車部隊の戦闘訓練、補給、配備を担当した。しかもH・グデーリアンはA・ヒットラーの直属であり、彼の任務には武装SSとルフトヴァッフェの戦車部隊の監察も含まれていた。

100：戦闘準備を整える第503重戦車大隊第2中隊のティーガー、砲塔番号242。1943年7月。(ASKM)
附記：車体の正面や側面に小口径砲あるいは重機関銃などで撃たれたとおぼしき夥しい数の弾痕がある。

参謀本部に1943年5月14日付で送りつけた──
「1．戦闘運用に関する報告は、ティーガー戦車中隊が中枢部隊として常備組織編成に含まれなければならないことを物語っている。総じて本項目は正しくない。
　ティーガー戦車は戦車部隊の中のもっとも強力な兵器である。これを進撃部隊の中心的な打撃力として使用すれば、ティーガーの戦闘性能は高水準にあるので戦術的成果をいち早くもたらすであろう。しかしながら、戦闘において決定的な成果を挙げるための能力は不充分であり、このためには敵をその防衛陣地の奥深くで殲滅する必要があるが、そこではティーガーは地雷や砲撃、自然の障害物が原因で損壊する。それゆえティーガーは戦いを決する段階にはかなり消耗しきった状態で参加することになる。
　先鋒部隊は大きな行動範囲を持つことが不可欠だが、ティーガーにはそれがない。それゆえティーガーを戦闘の端緒から主導兵器として使用すると、時として戦いの決定的段階では燃料が不足してしまうことにもつながりうる。
　2個目のティーガー戦車中隊編成を要求することは間違いであ

る。まずは3個中隊編成の戦車大隊へのティーガー戦車配備（各大隊45両）を全うするよう努力すべきである。

ティーガーで武装された部隊にⅢ号戦車やⅣ号戦車を装備する必要性はないと見る。しかし、重戦車大隊の偵察活動のために総監は実験的に、第503大隊に対し装甲兵員輸送車に搭乗する偵察小隊の

101：戦闘終了後に第503重戦車大隊のティーガーが車長キューポラ視察装置の交換を行なっている。1943年7月。（ASKM）

101

編成を強く主張する。総監はこの部隊の戦闘運用の結果に基づいて、各重戦車大隊への偵察小隊付与について決断を下すだろう」。

　最初に新しい編成に移されたのは、北アフリカで行動していた第501、第504重戦車大隊で、それぞれ1943年3月の6日と20日のことである。第503大隊は2月10日にすでに3個目の中隊として第502大隊第2中隊を受け取っていたが、大隊を完全定数に満たすための新車両が到着するのは1943年3月31日（10両）と4月20日のことであった。その結果、1943年5月10日の時点の第503大隊には45両のティーガーが揃っていた。ただし、そのうちの4両はロストフ戦で受けた損傷の修理が続いていた。

　第505大隊は1943年5月1日に中央軍集団の指揮下に入り、部隊内に20両のティーガーと25両のⅢ号戦車を有していた。大隊がすでにオリョール郊外に駐屯していた6月20日には、さらに11両のティーガーが到着し、また6月10日は14両の車両で編成された第3中隊が大隊に加わった。

　レニングラード近郊で行動していた第502重戦車大隊の改編は1943年4月1日から5月初頭にかけて実施された。

　「グロースドイッチュラント」師団戦車連隊第3重戦車大隊の編成が始まったのはようやく1943年7月1日のことで、8月1日には27両のティーガーを数え、8月15日には9両、同26日にはさらに6両が届き、この時点での大隊のティーガーの数は41両に達した（損失車両を除く）。

　1943年4月22日、武装SS作戦指導本部は第1SS装甲軍団のためのティーガー重戦車大隊編成を決定した。当初のその編成には「ライプシュタンダルテ・アードルフ・ヒットラー」、「ダス・ライヒ」、「トーテンコプフ」各師団のティーガー中隊が含まれることになっていたが、すぐにこれは取り消された。これらの中隊は1943年の4月から5月にかけて17両のティーガーを補充され、ドイツ国防軍部隊で採用されたものと類似の新編成定数（各14両）にしたがって改編された。武装SS向けに重戦車大隊の編成が始まったのは、1943年もようやく10月になってのことだった。

　1943年5月20日、ティーガー部隊と乗員の戦闘訓練のために重戦車中隊の行動戦術に関する『指針47a/29』が適用された。そこにはティーガーで如何に戦い、そしてどのように回収すべきかについてかなり興味深い内容を持っており、ここにそのすべてを紹介しておく——

A．重戦車中隊の目的、任務、組織編成
　1．大火力、強固な装甲防御、冬季にあっても高い走破性、強力

な打撃力が、ティーガー中隊における重戦車の特徴である。それは中隊に以下の可能性をもたらす：
——堅固な防衛に対する第一波部隊の中にあって攻撃すること
——敵重戦車や他の装甲目標を遠距離にあって破壊すること
——敵防衛を決定的に壊滅せしめること

102：46：陣地で待機する第503重戦車大隊第3中隊所属の砲塔番号331号車。1943年7月。(ASKM)

——防衛活動によって強化された敵拠点を突破すること。

2. 重戦車中隊は、機甲部隊の中にあって最強の戦闘兵器である。通常、優勢な火力を集束する有効性と、かつ強固な装甲による防御を利し、敵の抵抗を迅速に突破、防御を侵攻するために、重戦車大隊の中で運用されねばならない。

3. 重戦車の大重量は橋梁渡河の際の運用に制約があり、橋脚や橋梁の構造材の強化または専用舟橋の生産整備と最適な浅瀬の偵察が求められる。

4. 中隊の編制は次のとおりである：

a. 戦闘部隊：

　中隊司令部（Ⅵ号戦車2両）

Ⅵ号戦車各4両保有の小隊3個（第1〜第3）

b. 補給部隊（自動車化部隊）：

　主計部隊

　医療業務

　車両整備部隊

　第1戦闘段列

　第2戦闘段列

　荷物段列

B. 戦車兵訓練教材

5. Ⅵ号戦車の教習は以下の指針・教範に従って行なわれる：

a. ティーガー重戦車訓練教範

b. 8.8cm Kw.K.36砲 装備解説書D214

c. ティーガー重戦車用射撃説明書および射撃訓練教範

d. Ⅵ号戦車砲塔装備解説および操作教範D656/22

e. Ⅵ号戦車シャシー装備解説および操作教範D656/21

f. ティーガー重戦車操縦手教本D656/23（事前点検手引を含む）

g. 車載無線機操作教本 H.Dv.421/4、D613/12並びにD1008/1

h. 鉄道輸送積載要領D659/2

i. 戦車回収要領D659/4

C. 個としてのⅥ号戦車

6. Ⅵ号戦車は小隊単位で戦闘任務を遂行する。例外として、自隊休止地点や集結地点の護衛目的に限り分隊単位や単独車両で行動する。小隊長あるいは分隊長の死亡、小隊あるいは分隊長との連絡喪失、戦況の急変、閉ざされた地形も同様に個々の戦車が独自に行動することを余儀なくする。

7. Ⅵ号戦車は、主砲である8.8cm kw.K.36で、以下の優先順位に従い交戦する：

——徹甲弾による装甲目標および掩蔽陣地銃眼に対する射撃

——榴弾による抵抗拠点、対戦車砲、砲撃陣地、密集標的（敵部隊

の縦列や予備兵力のような）に対する射撃
——8.8㎝砲の長射程は、遠距離にある目標への効果的な砲撃を可能とする

　8．砲兵用高低照準装置を用いれば、距離9,000mまでの長距離射撃が可能である。敵の砲および砲兵や密集標的に対する最も効果的な砲の使用は——これは戦車が敷設障害や地勢による障害のため目標にどうしても接近できない場合、あるいは目標への砲撃が短時間に限られるであろう場合に、距離5,000m以内かつ目標の視認が良好な際にのみ射撃できる。

　9．8.8㎝砲の射撃は停車中に行なうべきである。重戦車が射撃地点に進出する際、自らの正面を敵の射撃にさらさねばならない（砲弾が装甲に当たって跳弾することと装甲厚が大きいことから、これが最適である）。偽装が施され、戦車の車体を隠す射撃陣地を利用せよ。

　10．8.8㎝砲の弾道は水平に近いため、友軍部隊越しに射撃する際は友軍歩兵の安全に特に留意せねばならない。

　11．Ⅵ号戦車は同軸機銃や車体機銃を用い、近接・短距離射撃において非装甲目標との近接戦に加わることができる。密集標的もまた、距離800mまでであれば首尾よく殲滅されるであろう。

D．戦車小隊
　Ⅰ．概要

103：スタックした第503重戦車大隊第2中隊のティーガー241号車を救出・回収しようと準備しているところ。1943年7月。（IP）
附記：牽引しようと待機する手前のティーガーは132号車だが、デッキ上から垂れ下がっているのがソ連戦車のワイヤロープであるところがおもしろい。

12. 小隊長は自身の部隊の臨戦態勢に責任を負う。中隊指揮官の命に服し、無線を通じ、あるいは自ら行動を示し、信号を送るなどして小隊を指揮する。

13. 小隊は4両のⅥ号戦車で編成され、2個の分隊で構成される。分隊を個別に動かす場合、小隊長は第1分隊（指揮分隊）を、分隊長は第2分隊を指揮する。

Ⅱ．戦闘と移動隊形の種類

付録図参照（当該図は原資料に欠如：著者注）

Ⅲ．戦闘

15. 小隊は中隊の中で戦闘隊形を整える。中隊を中戦車部隊や機甲擲弾兵に付帯または分遣して用いることは例外的である。そのようなことが求めれらるのは、特別な任務を遂行する中戦車中隊を強化したり、機甲擲弾兵が渡河する際や強化陣地を攻撃する際の支援をするときである。

16. 小隊は不断に居場所を変え、短い停車時の砲撃と移動を迅速に交互させて攻撃を行なう。分隊や個々の戦車は相互に支援、前進を掩護する。戦場では居場所を次々と変え、砲撃のために短く停車、次の砲撃陣地にすばやく移動することが勧められる。攻撃帯の幅は決して200mより狭まってはならない。移動方向と射撃陣地は地形条件に応じて常に変えなければならない。

E．中隊

Ⅰ．概要

17. 中隊本部が保有する2両のⅥ号戦車のうち1両は指揮戦車として、もう1両は予備車両として運用する。また、中隊本部にはオートバイ伝令兵3名が置かれ命令伝達のために運用する。戦闘が始まった場合、これらは指揮官車とともに第1戦闘梯隊に入る。

Ⅱ．戦闘と移動隊形の種類

18. 付録図参照（当該図は欠如：著者注）

Ⅲ．指揮管理

19. 中戦車中隊の指揮に当たって用いられる原則が概ね重戦車

▼戦闘と移動隊形の種類（小隊）
※原書に隊形挿図はなかったが、別資料でこの図が掲載されているものがあったので改写し載せておく。[参考資料「TIGER I & TIGER II : COMBAT TACTICS」]

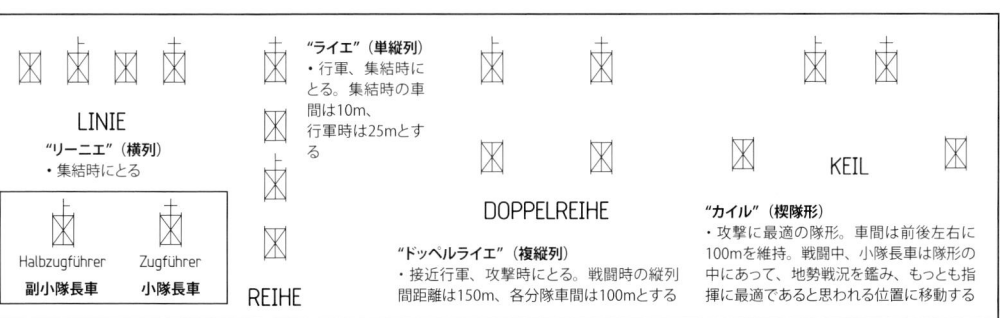

LINIE
"リーニエ"（横列）
・集結時にとる
Halbzugführer　Zugführer
副小隊長車　小隊長車

"ライエ"（単縦列）
・行軍、集結時にとる。集結時の車間は10m、行軍時は25mとする

DOPPELREIHE
"ドッペルライエ"（複縦列）
・接近行軍、攻撃時にとる。戦闘時の縦列間距離は150m、各分隊車間は100mとする

REIHE

KEIL
"カイル"（楔隊形）
・攻撃に最適の隊形。車間は前後左右に100mを維持。戦闘中、小隊長車は隊形の中にあって、地勢戦況を鑑み、もっとも指揮に最適であると思われる位置に移動する

DOPPELREIHE

"ドッペルライエ"（複縦列）
・接近行軍の際に用いる
・路上進軍には"ライエ"（単縦列）
が適している

KOLONNE

"コロネ"（縦隊）
・集結時に用いる

Kompanieführer
中隊長車

KEIL

"カイル"（楔隊形）
・狭域攻撃隊形に適用
元来、車間距離は前後左右に100m必要なので、"カイル"隊形の中隊は左右両翼で700m、前後に400mの範囲に展開することとなる。第2、第3小隊は、"ドッペルライエ"や"ライエ"で後続してもよい

▲戦闘と移動隊形の種類（中隊）
※原書に隊形挿図はなかったが、別資料でこの図が掲載されているものがあったので改写し載せておく。［参考資料「TIGER I & TIGER II : COMBAT TACTICS」］

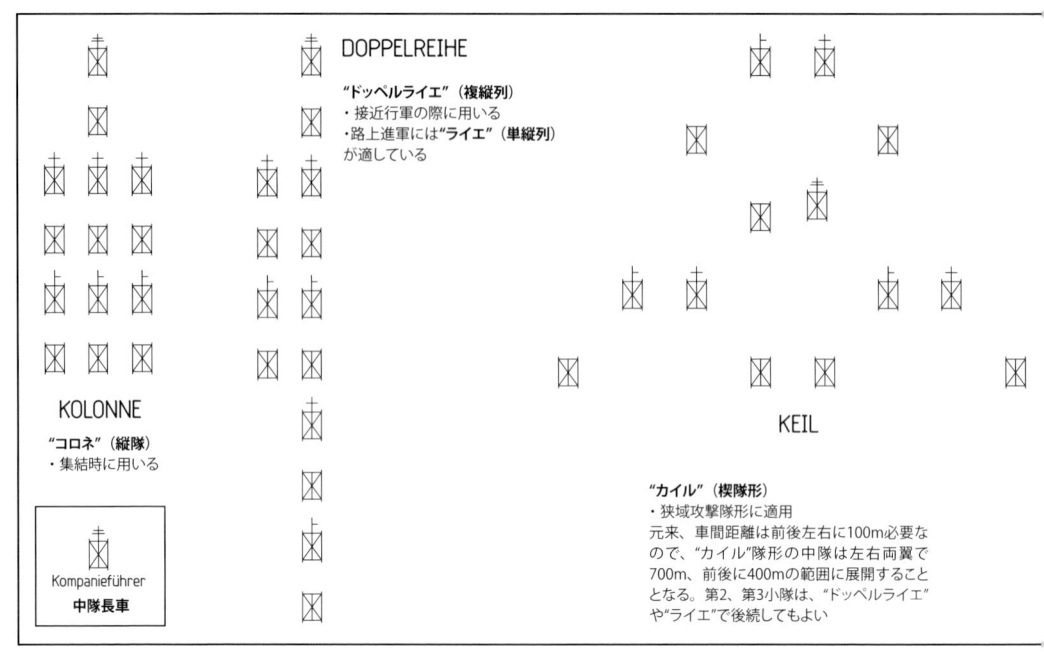

中隊の指揮にも適用される。

Ⅳ．行軍時の中隊

20．行軍路は重戦車の全幅と全長（前方を向いた砲を含む）、重量が大きいことから確実な地勢の偵察が要求される。急カーブや村落内の急角度で収斂する細い路地や狭隘地の偵察には航空写真撮影が必要である。

そもそも重戦車は、Ⅵ号戦車の重量に耐えうるいかなる短い橋も通過することができる。

21．長距離行軍の際はⅥ号重戦車中隊は機械化部隊や戦車部隊の縦隊の中で移動してはならない。未偵察地では尚更である。進路上の橋梁や狭隘地はⅥ号戦車にとって大きな障害となる可能性があり、このような状況下では行軍縦隊全体の進行を遅滞させかねないからである。

22．夜間行軍、とりわけ闇夜の行軍の際は乗員の1名をフロントフェンダー上、操縦手ハッチの脇に座らせ、開いたハッチから操縦手に指示を与えるようにすることが肝要である。

23．重戦車は保守点検のためにしばしば停車することが求められる。保守停車は行軍開始後最初の5km地点を通過して行ない、その後は10〜15km毎に行なわれなければならない。

24．移動には軟らかい土壌の場所を選んだほうがよい。硬い土壌や硬い路面舗装は走行装置、特に内側転輪への負荷が過剰になる

BREITKEIL

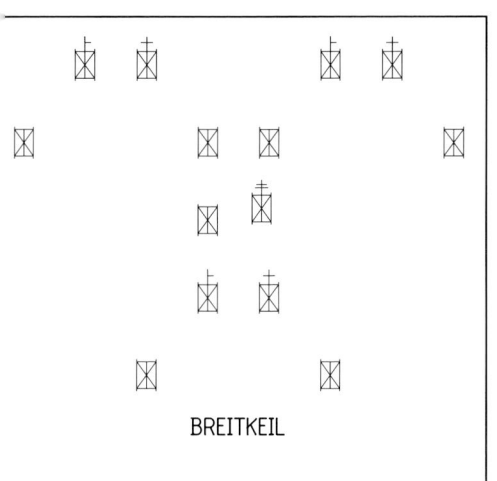

"ブライトカイル"（広翼逆楔隊形）
・もっとも攻撃に適した隊形。
"カイル"同様に中隊は左右両翼で700m、前後に400mの範囲に展開することとなる
第3小隊は、"ドッペルライエ"や"ライエ"で後続してもよい。翼部開放隊形を組む場合、第3小隊は右翼または左翼に梯形をシフトする

からである。

　日中の平均速度は時速10〜15km、夜間は時速7〜10kmとする。

V．戦闘準備

　25．重戦車のエンジン音は聞き間違えようがなく、特に夜間は遠距離からでもよく聞こえる。それゆえ奇襲性を保持するためには、前線から遠い集結地点の準備に当たり風向きを考慮すべきである。

　26．集結地点から出発した後はしばしば友軍陣圏内で戦車の給油のために停車する必要がある。これは敵の領域内での行動半径を最大にするためである。

　27．（脱文）

　28．もし集結を日中に行なわなければならないときは、中隊を分散すべきである。行軍時の重戦車は木の枝やキャンバスで偽装されねばならない。

VI．戦闘
　A．攻撃

　29．攻撃時の重戦車中隊の兵力は重戦車大隊の中で集中的に配置される。

　30．攻撃に際しての中隊の戦闘隊形は"ブライトカイル"（広翼逆楔隊形）とする。

　31．中隊は、砲撃と移動を不断に繰り返しつつ敵陣に突入し、敵の防御に奥深くまですばやく斬り込み、装甲目標、防御火器、抵抗拠点、重火器を制圧し、敵の砲兵を殲滅する。中隊の攻撃戦区の範囲内の対戦車兵器をひとつひとつ破壊することが肝要である……

　32．中隊長は戦闘において最大限の効果を発揮すべく、重戦車のすべての武器を使用するよう努めなければならない。

　33．翼部の防護には特別な注意を払うことが求められる。

VII．対戦車戦闘

　34．重戦車中隊の最重要任務は敵戦車との戦闘である。これはその他に与えられる任務にかかわらず常に第一義的な任務である。

　35．中隊長の自立性、すばやく臨機応変な能力、簡潔明瞭な命令による明確な中隊指揮が首尾よい戦闘遂行の基本である。最良の決定とは、遅滞なき攻撃である。

　36．攻撃方法を常に変化させることで、敵を翻弄し錯誤へと導かねばならない。以下の助言はこの面で指揮官の役に立つであろう：

　a．待ち伏せ陣地や有利な態勢（敵の射撃の死角または森林や集落の端に沿った陣地）から有効射程、かつ敵にとって不測の方向から射撃を開始すること

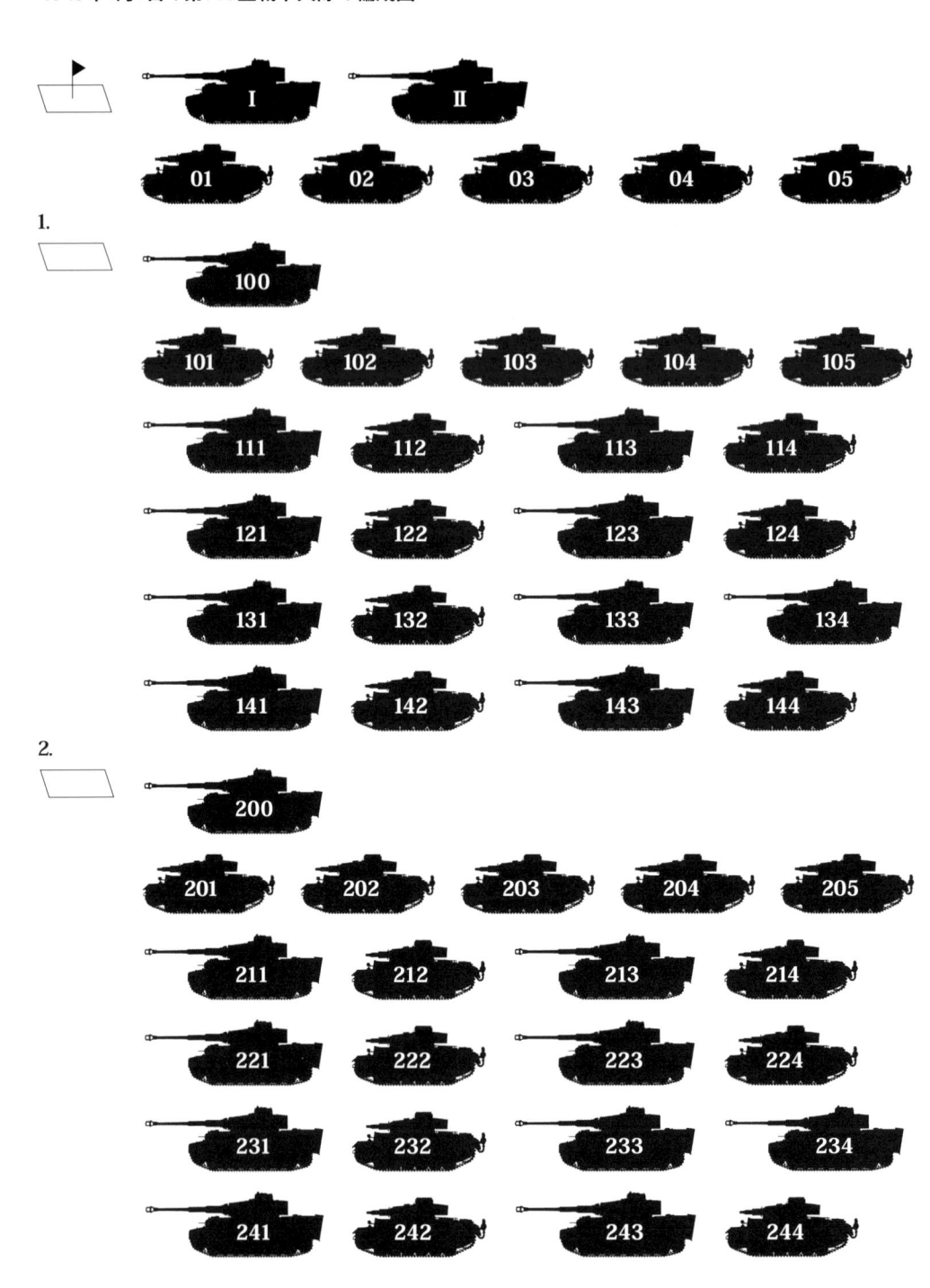

1943年1月1日の第503重戦車大隊の編成図

1943年7月5日の第505重戦車大隊の編成図

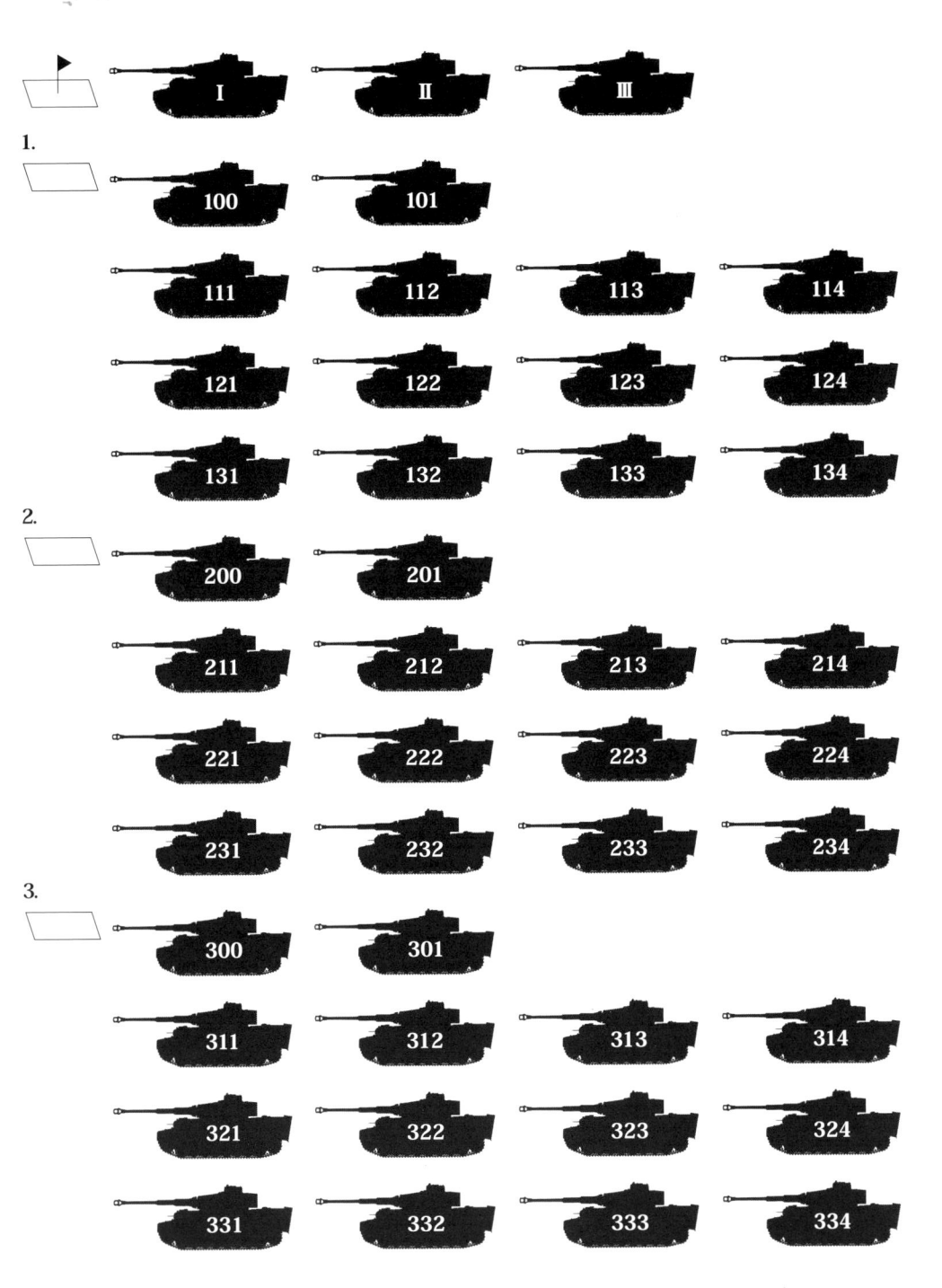

	I	II	III	

1.
- 100, 101
- 111, 112, 113, 114
- 121, 122, 123, 124
- 131, 132, 133, 134

2.
- 200, 201
- 211, 212, 213, 214
- 221, 222, 223, 224
- 231, 232, 233, 234

3.
- 300, 301
- 311, 312, 313, 314
- 321, 322, 323, 324
- 331, 332, 333, 334

b. 敵戦車から反撃された際は、正面射撃を行ない、一部兵力を敵の翼部に対する砲撃に向かわせること。敵戦車に接近を許すこと。敵戦車の接近をあらかじめ察知するためにエンジンを止めること。敵を撃滅するため、反撃を利用すること

c. 起伏の激しい場所を避けること

d. 敵を翼部と背後から攻撃する。太陽の位置（つまり太陽方向から：著者注）、風向き、地形を利し密かに分遣移動、隠れ場所から攻撃すること

e. もし対戦車阻止設備を伴う敵の強力な防御に突如直面した場合は、即座に後退して不測の方向から攻撃を再開すること

f. 起伏に富む地形や集落の中で攻勢を遂行する際は、機甲擲弾兵もしくは徒歩偵察の部隊を先遣し、敵に気づかれる前に敵戦車を発見し、適時攻撃にふさわしい方向を選定し、有利な射撃陣地を占めるように努めること

g. 後退する敵戦車は遅滞なく追跡、破壊されねばならない。

37. 撃破されたり擱座した敵戦車は撤退の際に爆破せねばならない」。

この同じ1943年5月20日、重戦車大隊の戦闘行動の準備と組織のための『要領47a/30』が定められた。前に見た文書と同じように、

104：陣地に向けて出発する第503重戦車大隊第3中隊所属の砲塔番号311のティーガー。1943年7月。（IP）

105：写真105のロングショット。第503重戦車大隊第2中隊のティーガーが他の2両のティーガーによって救出、回収されている。1943年7月。（IP）

そこには新型重戦車ティーガーの運用と戦闘活動に関する助言が載せられている——

「A. 重戦車大隊の目的、任務、組織

ティーガーはその武装と装甲防御が高い機動性と組み合わさっていることで、戦車部隊の最強兵器となっている。

それゆえティーガー重戦車大隊は戦闘部隊の指揮官の掌中にあって、強力で決定的な打撃力となる。大隊の力は、集中的かつ容赦ない攻撃力である。大隊の分割はその分だけ打撃力を小さくする。大隊の熟達した運用は戦いの重要な場所での成功を保証する。

ティーガー重戦車大隊とは、陸軍総司令部隷下の部隊である。それらは戦いの重要な場所において戦闘局面の転換を図るべく、他の戦車部隊に配属される。戦車大隊はその力で二次的な任務を解決するために早計に戦闘投入されることはありえない。

大隊はとりわけ敵重戦車との対戦任務に良く適しており、この任務が優先されるべきである（常に敵重装甲兵器との戦闘を念頭に可能性を模索すべきである）。敵戦車の破壊は、中戦車に課される任務を首尾よく遂行するための前提的状況を作り出す。

より軽量な戦車や突撃砲によって遂行可能な任務にティーガー戦車を使用することは禁じる。ティーガーはまた、偵察や戦闘警備にも使用されてはならない。

重戦車大隊の組織は次のとおりである——

106：戦闘が終わった後の第503重戦車大隊第1中隊所属ティーガーの修理作業。1943年7月。(IP)
附記：左に写る133号車は未だ砲塔右側に脱出用ハッチを装備していない生産時期の車両である。ガントリー・クレーンで吊り上げようとしている砲塔はおそらく113号車のもの。

　　本部
　　本部中隊（通信小隊、半装軌式装甲兵員輸送車偵察小隊、工兵小隊、対空小隊を伴う）
　　　重戦車中隊3個
　　　整備／補修中隊

B．戦闘運用
　総じて他の戦車部隊の運用原則は重戦車大隊にも適用しうる。以下に指摘する点はティーガー戦車の運用の特殊性によるものである。
　Ⅰ．行軍時の大隊
　1．主攻撃力としての重戦車大隊は通常、行軍縦隊の先頭に位置しなければならない。
　2．司令部は移動路を特別入念に選定しなければならない。
　3．大隊長は偵察の実施に責任を負う。特別な注意を要するのは、橋梁の偵察、浅瀬の渡河や進行困難な場所における移動の準備、組織である。携行地図や航空写真を注意深く研究し、適時工兵による偵察活動を組織することが非常に重要である。
　4．ティーガーを保有する部隊が長距離行軍を行なう際は、技術的な理由から他の戦車部隊とは別に行軍しなければならない。
　5．積載能力が不明瞭な橋梁を使って河川湖沼を渡渉する場合、

最初により軽量な戦車が渡り、それらの後にティーガー重戦車を渡すべきである。

6. 日中の平均行軍速度は時速10～15km、夜間は時速7～10kmとする。

7. 行軍中の重戦車は大規模な技術的保守点検を必要とする。保守点検のための停車は最初の5km地点経過後とそれ以降は10～15kmごとになされるべきである。

8. 硬い舗装道路はできる限り避ける必要がある……

Ⅲ．戦闘

1. 半装軌式装甲兵員輸送車で行動する偵察小隊は、周辺攻勢の偵察のために大隊長が使用すべきものである。もし小隊がすでに別の任務のために投入されている場合は、この目的のためには重戦車大隊と連携行動をとっている軽戦車を使用することも可能である。

2. 重戦車が戦闘に投入されるのは、それによって戦闘の推移が決定されるような最重要な状況においてである。他のすべての部隊や兵科は、戦闘任務を遂行する重戦車大隊を支援する。適時工兵部隊を展開、それらと緊密な連携行動をとり、事前に地雷や対戦車阻

107：戦闘の合間の第503重戦車大隊第2中隊のティーガー。1943年7月。（JM）

108：泥濘地でのティーガーの踏破性能はまだまだ改善の余地が残されていた。この写真はスタックした第503大隊のティーガー（砲塔番号332）を他のティーガーで引き揚げようと試みているところ。1943年7月。（ASKM）

止設備を発見、無害化することが必要である。

　3．敵戦車との戦闘にあたっては、臨機応変な対応と指揮の明瞭さ、的確さが成功の鍵となる。攻撃方法を変化させることによって敵を常に混乱させねばならない。

　実戦経験から、下記の戦術は多くの場合に成功をもたらした：

　a．より軽量な友軍戦車の砲撃により敵戦車を正面に釘付けにする。このとき重戦車大隊はそれらを包囲し、翼部や背後から攻撃し、他の戦車は正面砲撃によって重戦車の攻撃を支援し続ける。

　b．迅速な正面攻撃または翼部攻撃を行なうとき、重戦車は敵戦車に対する優勢を獲得し、敵戦車に強力な砲火を浴びせかけることができ、同時に他の戦車部隊はその射撃でティーガーの攻撃を支えることができる。

　4．市街地戦闘では、乗員が視認できない死角が大きいティーガーを市中に投入してはならない。この状況は森林内の戦闘にも当てはまる。

　5．ティーガーは追撃にとりわけ適している。事前に偵察を行ない、予備燃料と弾薬をあらかじめ用意しておけば、この面でいい支援となる。

Ⅳ．修理作業の組織

　戦闘の合間に休息する機会はまず重戦車大隊に与えられねばならず、そしてそれは兵員が車両の保守点検のために使うべきものであ

る。

　長期の戦闘の後は、戦闘能力を完全回復させるため基礎的な検査と保守点検に充分な時間を割くようにしなければならない。

　大隊の修理部隊は上位司令部から広範な支援を受け、その要望は優先的に満足されるべきである」。

　このようにティーガー重戦車大隊の一番の任務は敵の重戦車との戦いであった（おそらくこれは、戦争初期にドイツ戦車兵がKV重戦車と遭遇したときのショックの余韻だったのだろう。当時ドイツの敵国では他に重戦車はなかった）。この点が第二次世界大戦当時のソ連とドイツの戦車部隊の任務における根本的な違いであった──赤軍の戦車は何よりもまず歩兵の支援に用いられた。例えば、1942年10月16日付ソ連国防人民委員命令第325号「戦車、機械化部隊の戦闘運用について」には次のよう記されている（抜粋引用）──

　「我が戦車は敵防御の攻撃に際し歩兵から引き離されており、そうして歩兵との連携を失っている。歩兵は敵の射撃によって戦車から遮断され、砲撃で我が戦車を支援できない。戦車は歩兵から引き離され、敵の砲兵や戦車や歩兵と単独で戦わされ、大きな損害を出している……

109：第503重戦車大隊所属のティーガーの縦隊。1943年7月。戦車自体は黒灰色なのに、砲の砲身と防盾は暗黄色と緑色の縞模様となっているのが注目される。（ASKM）
附記：先頭を行くのは特徴ある塗装で知られている334号車。車体、砲塔は初期基本色の黒灰色とされるが、写真で見る限り、暗黄色をオーバーペイントしている可能性も捨て切れない。

戦車は敵歩兵の殲滅という自らの基本任務を遂行しておらず、敵の戦車や砲兵との戦闘にかまけている。我が戦車が敵の戦車攻撃に対抗して戦車戦に引き込まれている実情は正しいものではなく、有害である……
　1．個々の戦車連隊や戦車旅団は主方面の歩兵を強化するためにあり、歩兵との緊密な連携の下に歩兵直接支援戦車として行動するものである。
戦車連隊、旅団、軍団の戦闘運用
……2．戦車は歩兵と協同しつつ、敵歩兵の殲滅を基本任務としており、友軍歩兵から200〜400m以上離れてはならない。
……5．戦場に敵戦車が出現した場合、それを相手に主として戦うのは砲兵である。戦車が敵戦車と戦うのは明らかに兵力が優勢で有利な態勢にあるときに限られる」。

　戦車運用のこれほどまでの大きな違いが、（ドイツ側のデータによると）多くの戦車エースを輩出した事実、特にティーガー戦車乗員の中に目立ったことの説明になるかもしれない。ティーガーが主に対戦車兵器として用いられねばならず、戦果の数は車長の指揮と技能の巧拙の指標とされた。ソ連戦車の乗員たちは別の任務を遂行し、破壊した敵戦車の計上は一回または複数回の戦闘を経て行なわれていた。作戦期間中の個々のソ連戦車の戦果の動向や、ましてや複数の作戦における戦果の動向はほとんどの場合、調査されなかったのである。

108：行軍を終えた第503重戦車大隊所属の砲塔番号321のティーガー。1943年7月。（RGAKFD）

第6章

ツィタデレ作戦
ОПЕРАЦИЯ «ЦИТАДЕЛЬ»

111

111、112：砲塔番号212のティーガー（第503重戦車大隊第2中隊）は撃破、鹵獲された。1943年7月。（ASKM）

　ティーガーの戦闘運用の歴史でもっとも有名なのはツィタデレ作戦——1943年7月のクルスク戦である。クルスク戦をテーマにした旧ソ連とロシアの大半の文献には、この戦いに参加したティーガーが数百両（！）との驚くべき数字が載っている。ここであの有名な戦いに参加したティーガーがいったい何両だったのか、そしてソ連側の文書でははるかに上回る数字が出てくるのはなぜかを検証してみよう。

　1943年7月5日に開始予定だったツィタデレ作戦の実施にドイツ軍司令部は2個の重戦車大隊（南方軍集団にいた第503大隊と中央軍集団の第505大隊）を動員した。第503大隊は7月4日夕刻の時点で45両のティーガーを有し、そのうち3両は修理中であった。第505大隊もまた編成定数に定められた45両のティーガーを保有し、しかも7月5日の朝には全車可動状態にあった。

　このほか、南方軍集団は4個の重戦車中隊があり、「グロースドイッチュラント」、「ライプシュタンダルテ・アードルフ・ヒットラー」、「ダス・ライヒ」、「トーテンコプフ」の各機甲擲弾兵師団に配

されていた。7月4日夕刻時点でこれらの師団配下の中隊にはそれぞれ順に、15両（3両修理中）、14両（3両修理中）、14両（2両修理中）、15両（3両修理中）があった。つまり、ツィタデレ作戦に動員された諸部隊には148両のティーガーが有り、そのうち作戦初日に使用できた車両は134〜140両を越えなかったことになる（7月5日の朝までに修理中の重戦車の一部が戦列に復帰したことも否定できない）。ツィタデレ作戦の参戦部隊が作戦発起時点で保有していた戦車の数を約2,200両（予備を含む）とすると、ティーガーは中央軍集団と南方軍集団の抱える戦車の総数のわずか6〜6.4％に過ぎなかったことになる。

　どうしてソ連側の文書の中では、クルスクで破壊されたティーガーの数がこの数倍にも膨れ上がったのだろうか？　筆者の考えによると、赤軍司令部のもとにあった偵察情報が不確かであったことに関係するようだ。すでに1943年5月の時点で、来るべき夏の攻勢作戦でドイツ軍が新型重戦車を使用するとの情報が伝わっていた。面白いことに、これらの情報によると、1個のドイツ師団が完全にティーガーのみで編成され、他の師団には1個大隊規模のティーガーが配備されていたことになってしまう。これらのデータがアプヴェーア（ドイツ国防軍最高司令部対外諜報局）の欺瞞情報だった可

113

114

113、114：第503重戦車大隊第1中隊のティーガー(砲塔番号132)が鹵獲され、ソ連軍将兵によって検分されている。1943年7月。(ASKM)

附記：この車両は、よく見ると後ろから2枚目のサイドフェンダーがわざわざ天地逆に付けられていることに気付く。行軍中の一部車両では、天地逆に装着したフェンダーの中に、ジェリカンやパックス様のものを積んでいる写真もわずかながら確認できる。本車もそうした使い方をしていたのだろう。

115：赤軍に鹵獲されたもう1両の第503重戦車大隊所属ティーガー。履帯がないながらも牽引が試みられていたようだ。1943年7月。(ASKM)

能性もあるが、1943年2月〜3月のこれら4個の精鋭機甲擲弾兵師団によるティーガーの使用を、ドイツ戦車師団の装備としてティーガーが全面的に採用されつつある端緒であったとソ連の諜報機関が受け止めたということも否定できない。

　いずれにせよ、1943年の1月から3月にかけて複数のティーガーが赤軍部隊に鹵獲された。それらのテストを行なった結果、ティーガーに対処する有効な手段が当時のソ連軍部隊にはないことがはっきりした――基幹となる対戦車砲と戦車砲は45㎜砲と76㎜砲で、ティーガーを撃破することができるのは最短距離（200〜400m）からだけであった。それゆえソ連軍司令部はこの状況を改善する措置をとり始めた（57㎜対戦車砲の生産復活もその一例である）。当然のことながら、クルスク戦線でのドイツ軍の攻勢を迎え撃つ準備においても新型重戦車との戦いには重要な位置づけがなされた――150両どころか、500〜600両ものティーガーの襲来が予想されたからだ。ティーガーとの対戦にどのような準備がなされたのかは、中央方面軍の例を見るとよくわかる（ヴォロネジ方面軍でも状況はほとんど同じであった）。

　1943年5月中旬、中央方面軍司令部は敵が新型重戦車のT-6ティーガーを大量投入する可能性があるとの情報を受け取り、方面軍の政治部は砲兵本部とともに、中央から受け取ったデータを基に新型

戦車の技術的、戦術的データ、それに対戦方法を掲載した資料を作成して各部隊に配布した。

このような資料は方面軍の印刷所で2万部も刷られ、さらに類似した内容の資料が赤軍砲兵総局からも送り届けられた（これはクルスク戦開始前1ヶ月間の1個方面軍だけのことで、同じような光景が他の方面軍でも見られたのである）。新型重戦車との戦いには大口径砲も含むすべての火砲の使用が想定されていた。そのうえ、各砲兵中隊の中では管理小隊と機器管理部門の人員を使って、対戦車手榴弾や集束手榴弾、KS火炎瓶で武装した戦車駆逐隊が編成された。それらは最も可能性の高い戦車の進路方面で予め掩蔽壕と防弾壕を掘って待ち構えることになった。

ロケット兵器もまたドイツ重戦車の攻撃を撃退するために使用することが想定された。そこでカチューシャ大隊はそれぞれ、直接照準射撃を可能にする射撃陣地（射撃壕）を5～7箇所用意した。

1943年7月5日時点の中央方面軍には、戦車および自走砲が1,749両（予備車両含む）、口径76㎜～203㎜の各種砲が3,802門（高射砲を除く）あった。2万4千部ものティーガー対戦方法の手引きが出回り、すべての戦車や自走砲の乗員、あらゆる砲と対戦車ライフルの射撃班がこの手引きを片手に、ドイツの新型重戦車との対

116：戦闘後点検作業中の第503重戦車大隊車両。1943年8月。(IP)
附記：いちばん手前の車両は331号車

決に固唾を呑んでいた様子がわかるだろう。それに、かつていかなるタイプのドイツ戦車との対戦においてもこれほど大掛かりな準備は行なわれず、これほど大量の手引き書も発行されたためしのなかったことを想起すべきである（同様な手引き書はT-Ⅰ、T-Ⅱ、T-Ⅲ、

117：行軍中の第503重戦車大隊所属ティーガー。1943年7月～8月。（ASKM）

T-IV、プラガの各戦車とアルトシュトルム［Ⅲ号突撃砲］、ホルフ装甲車［Sd.Kfz.221またはその系列］）について発行されている）。

また、砲兵射撃班や戦車乗員、対戦車ライフル射撃班のほとんどが、ティーガーとⅣ号戦車またはⅢ号戦車すら側面のシルエットで見分けることができたとは思えない。そもそもティーガーの数が少なかったことから、赤軍の兵も将校も"生きたままの"ティーガーを、たとえ損傷していたとしても目にすることができたものは少なかっただろう。つまり、ティーガーの襲来に積極的に準備したことが、赤軍内に正真正銘の"ティーガーマニア"を生み出すことになったのだ——ティーガーはいたるところで目撃され、実質的にあらゆるドイツ戦車が、Ⅳ号戦車やパンターまでもがティーガーとして"記録"されていったのである。それこそ新型ドイツ戦車に関する盛んなプロパガンダが"4型ティーガー"も生み出したのだ——これはⅣ号戦車G型と側面増加装甲板を付けた後期派生型のことを指して呼ばれていた。筆者は別の分類方法があることも知った——ある元従軍戦車兵がⅣ号戦車の写真を見せられてこれを「チーグルⅠ」と呼び、普通のティーガーを「チーグルⅡ」と断言した。「じゃあ、これは何ですか？」と写真中のケーニヒスティーガーを指差すと、「あぁ、これはコロレーフスキー・チーグル［ケーニヒスティーガーの露語訳］」と答えた。

このように、大祖国戦争当時の戦闘文書にティーガーがあふれているのは何よりもまず、（複数の研究者が書いているような）この戦車に対する恐怖心の反映ではなく、この兵器との対戦準備が広範に展開されていたことによるものである。しかもクルスク戦が終わった後、Ⅵ号戦車の破壊方法を解説する手引き書の部数はさらに増え、それ以外にティーガーの弱点と対戦方法を図示したカラーポスター（A-2またはA-1判形）まで登場している。これらすべてが、赤軍各部隊の報告書や戦後は多くの回顧談の中でティーガーの人気を異常に高めることになったのである。

公平を期して言うが、多くのソ連軍将校、特に方面軍や軍、軍団の砲兵本部と機甲軍本部の将校たちは非常に明確にティーガーとパンター、Ⅳ号戦車、Ⅲ号戦車の違いを知っていた。これらのハイレベルのプロたちが作成した書類では撃破された敵戦車が種類ごとに非常に明確に記録されている。しかしこれらの情報は、上位機関において個々の作戦の勝利の規模を大きくするために"修正"されることがあった。ちなみに、ドイツの報告書も同じような"修正"が行なわれ、しかもより大きな規模でなされることがしばしばあった。

ツィタデレ作戦当時のティーガーの戦闘運用は、ティーガー関連の文献が多数あるにもかかわらず、研究があまり充分とはいえないテーマである。ここで出てくる主な問題点は、何両のティーガーが

失われ、そしてティーガーが何両の敵戦車を撃破したかである。ではこれらの問題点をソ連とドイツの文書に基づいて検証してみよう。まずはクルスク戦線北部からだ。ただしその前に、ティーガーの踏破能力をよく物語る二つの文書を紹介したい。実はクルスク戦が始まる前に第505重戦車大隊は、ティーガーが雨溝や小さな水流や小川を渡渉する能力を測るテストを受けていたのである。このようなテストの一つが7月2日［原文ママ：別資料では6月2日とある］に実施されている。それについて以下のことが伝えられている――

「5月30日以降大雨はなく、地面は充分早く乾燥した。最初のテストの際、ティーガーは2速のギアで毎時8kmの速度で走行し、岸が沼地性の小川の渡河を試みた。この障害の全幅は7.5mであった。ティーガーの履帯は、草で覆われた硬い黒土の平地では5～6cmの深さまでめり込んだ。粘土質の川岸の傾斜地では履帯の沈み込みは深さ25～30cmとなり、湿った沼沢地ではそれが45～50cmに達し、戦車の走行能力は早々に失われた。ティーガーは立ち往生し、履帯によって自らさらに深く沈み込んだ。このように、戦車は自力でこの沼から這い出ることはできず、牽引車を使って回収しなければならなかった。

二度目のテストは最初のテストの場所からそう遠くない場所で行なわれた。ティーガーは沼地の占める幅が4.5mほどの場所で障害を乗り越えようとした。硬い平坦な黒土で旋回したところ、履帯はカーブのときに外側で40cm、内側で30cmもめり込んでしまった。

118、119：第503重戦車大隊第3中隊長車のティーガー（砲塔番号300）は撃破、鹵獲された。命中した砲弾の数が注目される。1943年7月～8月。（ASKM）

118

その後ティーガーは2速で前進したが、速度はわずか毎時3kmに過ぎなかった。ティーガーで緩旋回をしたことが原因で、沼地では傾いてのめるように沈み込んだ——右側が80cmも沈み、車体の前端は川の北岸に対して上向きに飛び出した格好となり、戦車は自重で沈んだ。車両は動きがとれなくなり、これを引き揚げるには牽引車が必要であった。

こうして我々がたどり着いた結論は、ティーガーはこのような沼地性の障害を克服することはできないということである。沼地の幅が戦車の全長より大きければ、戦車はそのような障害を乗り越えることはできない。もし障害の幅がティーガーの全長より小さければ、他の諸条件（的確な接近、平坦な岸、沼地が転輪の高さより浅いこと）の下で克服は可能であるが、保証はできない」

同様の障害を自力で克服できるよう、第505大隊は部隊内の、まだ後方に送られていないⅢ号戦車の大半を架橋戦車に改造した。Ⅲ号戦車の砲塔を取り外し、車体上には全長約8mの軌道橋が載せられた。それはクレーンやウインチを使って障害の中に置かれるようになっていた。この創意は第9軍司令部の知るところとなり、司令部は大隊に次の書簡を送った——

「1943年7月4日、Ⅲ号戦車（長砲身）の砲塔3基とⅢ号戦車（75㎜）の砲塔2基が、そして7月7日にはさらにⅢ号戦車（短砲身）の砲塔8基がブリャンスク市のターミナル駅に到着した。第47戦車軍団司

附記：車体側面には珍しい迷彩が……といいたいところだが、表面の塗料をぬぐい取って、キリルで何やらメッセージを描いていたようである。

令部の指示に基づき、第505重戦車大隊所属の11両の戦車と第2戦車中隊の戦車2両の砲塔が取り外され、シャシーが橋梁積載用として使用されることとなった。戦車の有効だがこのような改造を直接行なうのは禁じられている。取り外された砲塔は再び、戦車の走行部に取り付けられるものと考えるべきである」

　第505重戦車大隊が戦闘に突入したのは1943年7月5日、第2戦車師団の攻勢地帯であった。ドイツ側のデータによると、この初日にティーガーがポドリャーニ〜ブティルキの地区で破壊したT-34戦車は42両に上る。第505大隊が行動していたのはソ連第13軍の左翼で、第70軍地帯との境界であったようだ。7月5日時点のソ連第13軍戦車部隊の構成は、第129戦車旅団（KV重戦車10両、T-34中戦車21両、T-70軽戦車8両、T-60軽戦車10両）と第27および第30独立親衛突破連隊（KV-1S重戦車44両）、第58、第43、第257の各独立戦車連隊、それに第1441および第1442自走砲連隊（それぞれ14両と16両のSU-122自走砲）、そして第1541重自走砲連隊（SU-152重自走砲12両、KV-1S重戦車1両）となっていた。第129戦車旅団は7月5日はティーガーの進撃地帯より東側で行動していた。第58連隊は7月5日と6日に12両のT-34が全焼し、さらに9両のT-34と4両のT-70が撃破された。第43連隊と突破連隊は7月5日の戦闘には加わっていない。第237連隊は7月5日から6日にかけて9両のT-34と1両のT-70が全焼した。つまり、T-34の損失はどう計算しても42両にはならず、ティーガーが破壊したと主張できるのは22両だけである。しかもこの日は第505大隊のほかにソ連戦車を狙って砲撃したものはいない。さらに言えば、ソ連第13軍の戦車部隊が戦闘に入ったのは午後になってからである。中央方面軍の第2戦車軍と各戦車軍団は7月5日はそもそも戦闘に参加していない。

　7月6日と7日、ティーガーはサボロフカ地区で行動したが、大半が損害を被り、3両は全損となった。ティーガーが地雷原を踏破するのを容易にすべく、第505大隊には第312ボルクヴァルトBⅣ遠隔操作爆薬運搬車中隊が付与されていたことを記しておきたい。

　同中隊の指揮官、ノルテ中尉はツィタデレ作戦の初日についてこう伝えている——

「第6歩兵師団がターギノ地区から攻撃する過程で3両の突撃砲と4両のBⅣ（Sd.Kfz.301）を伴う第2小隊は第505重戦車大隊に分遣された。進撃していた我が歩兵がヤースナヤ・ポリャーナと240.4高地に到達した後、大隊は（無線操縦）小隊とともに歩兵の戦闘隊形の前に進出し、230.7高地の方向に攻撃した。小官自身は第505重戦車大隊長とともに移動していた。第2小隊は前進しつつ常に偵察を行ない、第505大隊第1中隊の前方を進んでいた。そして、3

両のB Ⅳ（Sd.Kfz.301）も我々とともに進んでいた。第一の任務は地雷原を発見することであったが、地雷は見つからなかった」

しかしそれからの二日間で状況は大きく複雑化した。その状況は第505重戦車大隊長が第47軍団参謀部宛に書いた夕刻の報告書から窺い知ることができる——
「7月7日夕刻の時点で25両のティーガーが修理を必要としており、そのうち14両は翌朝までに修理が終わらなければならない。3両のティーガーは変速機に損傷を受け、別の2両は砲弾の命中で車長キューポラが破壊され、他の4両は砲撃で走行装置（履帯、転輪、スイングアーム）が粉砕され、残る16両は地雷の爆発により走行装置が損壊している。これ以外にさらに2両のティーガーが機関室に砲弾の直撃を受けて全焼した」

地雷原はティーガーにとって相当深刻な問題で、ボルクヴァルトさえも助けにはならなかった。あまりに大きな地雷による損害を減少すべく、第47軍団司令部は7月8日に指示を出し、攻勢全期間中第505大隊の各中隊には装甲兵員輸送車で移動する工兵を随伴させ

120：第503重戦車大隊所属ティーガーの燃料補給作業。1943年7月。（ASKM）
附記：指揮戦車である。車体後部にアンテナケースを付けており、アンテナが3本立てられている。

120

ることになった。しかしこれもたいした効果は挙げなかった——7月8日から10日にかけてチョープロユ地区の戦闘に参加したティーガーは26両だったが、その後の二日間でわずか11両に減っている。残る車両は修理を受けていたのだ。

　1943年7月15日に中央方面軍の攻勢が始まると、第505大隊はチョープロエ、サボーロフカ、ボーブリクの地区で戦い、7月17日にはヴェルフニェエ・ターギノで2両のティーガーが全損となり、さらに7月20日にもう1両のティーガーが修理のためドイツ本国に送還された。その後の激戦の中で第505大隊の戦闘可能な車両は急

121：第503重戦車大隊第3中隊のティーガーが攻撃のため反転を始めた。1943年7月。（ASKM）

激に減っていった——7月26日に行動していたティーガーは6両だったが、8月1日にはわずか4両のみであった。

　クルスク戦での第505大隊の損害を把握するのはかなり難しい。自信を持って言えるのは、ティーガーのうち5両が全損となり、1両がドイツ本国に送還されたことだけである。しかし8月5日と6日にはさらに2両のティーガーが乗員自らの手で破壊されており（これらの車両は修理中だったのが、避難が不可能と判断された可能性がある）、また8月10日と同31日にはそれぞれ3両と7両の戦車が大修理のためにドイツに送り帰されている。ということは、1943年の7月に第505重戦車大隊が被った損害は18両（7両が破壊または遺棄され、11両が本国に送還）に上るとしても過言ではなかろう。

　ここで1943年7月20日以降にソ連中央方面軍砲兵本部で作成されたⅥ号戦車の運用戦術に関する報告書を見てみよう——

「中央方面軍地帯における戦闘で敵は30～40両ずつの戦車を波状使用した。7月6日にカシャーラ地区（第13軍地帯）で戦車は3波にわたって進撃してきた——第1波は40両に上り、その一部は重戦車であった。第2波は中戦車20両で、第3波は15両の中戦車と軽戦車であった。

　T-Ⅵ戦車は決まって第1梯団の攻撃戦車の前方を進んでいた。それらの任務は砲撃によって敵の射撃布陣を暴露し、これを自走砲とともに制圧することである。準備砲撃の後でT-Ⅵは視界良好な高地を占め、砲撃で防御側が自らの火点を明らかにせざるを得ないように仕向け、それからこれらの目標を制圧するためフェルディナントやⅢ号突撃砲を呼び出している。その後ティーガーは正面攻撃によって目標方向に突進する。T-Ⅵ重戦車が第2梯団の中で機動性の高い中戦車の後に続いて行動するケースがある。T-Ⅵ運用についての詳細は1943年7月12日に赤軍砲兵参謀部宛の第2駆逐師団長の短い報告の写しの中で報告済みである。（文書の上では少なくとも2両のティーガーが、45㎜砲と76㎜砲を持つこの師団の射撃班によって破壊されたことが確認されている：著者注）

　T-Ⅵは距離1,300～1,500mから射撃を行ない、その後は定置射撃をするか、または3発の射撃をするため短い停車をしている。距離200～300mでは短く停車しつつ砲撃が強まる。このとき歩兵は車両から飛び降りて射撃陣地に向かって分散し、敵の射撃班を殲滅しようとする。

　強力な砲撃に直面すると前面装甲をさらしたままバックギアで後退する。攻撃が迎撃されると、戦車が向きを変えるケースは見られない。攻撃が失敗すると、掩体の陰で事前に部隊の再編成をすることなく、砲兵中隊を両翼から迂回包囲することはない。

　45㎜砲中隊に対しては停止することなく大胆に正面攻撃を仕掛

けてくるが、76mm砲中隊に対しては慎重に対処し、射撃地点からそのまま突撃することはなく、必ずあらかじめ制圧してから進む。

　攻撃と防御のすべての場合においてティーガーとは歩兵が行動を共にしている。彼らの任務は装甲に掩護されながら射撃班を殲滅し、そうすることで戦車の対砲兵戦闘を確実にすることにある。

　7月8日、ポヌィリーの北端で敵は40両の戦車を投入し、そのうち15両が重戦車で、中戦車と軽戦車は25両を数えた。重戦車は第1梯団で進み、中戦車と軽戦車は窪地の掩体の陰に残って攻撃待機していた。重戦車は直接射撃の距離まで進出し、我が陣地に対して定置射撃を開始した。数分間が経過して突撃砲が登場し、やはり我が対戦車砲を狙った射撃を始めた。我が対戦車防御が制圧されたと敵が判断すると、中戦車と軽戦車が攻撃に向かい、その後から重戦車が100mの間隔で2～3両の組に分かれて続いてきた。我が砲兵が不意を衝いた大々的な射撃で10両のT-VIと12両の中戦車を撃破し、残る戦車は後退していったが、ティーガーはバックで戻っていった。

　3時間後に257.1高地から5月1日ソフホーズ［ソビエト国営農場］に対して同じ隊形で35両の戦車が攻撃を発起した。それらはすべて射撃の袋小路に通された後、3方向から猛射を浴びた。6両の重戦車と12両の中戦車が撃破された。

122：休息をとる第503重戦車大隊のティーガー乗員。車体側面には丸太用のブラケットが溶接され、砲防盾と砲身は迷彩が施されているが、車体と砲塔には迷彩されていない。1943年7月。（ASKM）

122

123：第503重戦車大隊長が、航空機からの通信筒を受け取ったところ。1943年7月。（ASKM）

124

戦車跨乗兵が射撃陣地に向かって分散攻撃するのを予防する目的で、小官の提案により方面軍軍事ソヴィエト［軍事ソヴィエトとは共産党による軍の統制のため各級部隊に設置され、司令官と参謀長と政治将校により構成される最高意思決定機関］は7月12日付で、軽砲連隊と対戦車駆逐旅団を砲兵指揮官の指示に従う特別の歩兵隊で掩護する命令を発した。

　T-Ⅵは防御戦闘においては5〜30両のグループで行動し、戦場を動き回っている。停車して我が歩兵との戦闘に入ることはなく、砲撃を受けると掩体に隠れる。フェルディナント自走砲が戦車と別に独自に行動するケースが見られた」。

　中央方面軍砲兵本部の報告によると、1943年7月5日から同12日の間に破壊され、撃破されたT-Ⅵは139両に上る。最も多くのティーガーの破壊・撃破を数えたのは第70軍の58両で、第13軍は50両のティーガー、第2戦車軍は31両の戦果を報告した。当然のことながら、これほど印象的な成果はクルスク戦の前に展開されたティーガー対戦方法の盛んな準備がもたらした果実である。

　ティーガーによって破壊されたソ連戦車の数はドイツ側のデータによると、1943年7月5日から同9月1日の間に第505大隊は108両の戦車を戦果に数え上げている――これは控えめな数字に思えるが、それでもなお実際の倍に膨らまされていたのである。

　第503重戦車大隊は南方軍集団の中にあって、45両の戦車のうち戦闘可能な42両で7月5日に戦闘に突入した。このとき、ティーガーは大隊の中で運用されるべきだとするH・グデーリアン将軍の助言があったにもかかわらず、7月4日に第503大隊の中隊が1個ずつ第6［原文ママ］、第7、第19の各戦車師団に分遣されてしまった。第19戦車師団のある将校はクルスク攻勢の始まりの様子をこう書いている――

　「師団は軍団の主攻撃方面で強力な援護射撃を行なっていた。敵の大部分は観測中隊によって探知されており、最前線防御陣地と砲兵に対する砲撃は、多大な期待を抱かれていた……

　緊張感と注意深さをもって機甲擲弾兵が、戦車兵が、分遣されたティーガー中隊が、そして20個以上の砲兵中隊が指定された時を待っていた。夕闇の訪れとともに両方の渡河地点では工兵が仕事を始めた。彼らの後ろには突撃部隊が息を殺して、それぞれの大隊長の命令一下、火炎放射器その他の近接戦闘火器を手に取って飛び出さんとしていた。

　ティーガー用の橋は半分ほど出来ていた。このときにロシア軍は注意を向け、渡河設備に対し砲や迫撃砲、機関銃による攻撃を始めた。暗闇にもかかわらず射撃は非常に正確だった――荷物を満載

124：沼沢地で行動不能となった第503重戦車大隊所属のティーガー（砲塔番号332）を、回収しようとしているところ。1943年7月。（IP）
附記：車長ハッチの裏側にはクッションパッドやハッチのロックレバーの一部が欠損している。部品交換しないままなのか、邪魔なので外したのかは不明

した1艘のゴムボートが直撃弾を受けて沈んだ。その瞬間に工兵が損害を出した。それぞれの橋桁の下には40〜60名がいたからだ。0215時ちょうどにロシア軍はありとあらゆる口径の多数の火器による阻止射撃を始めたが、そのことは敵の砲兵が大集結していたことを物語っていた……

　ティーガー用に架橋作業を続けることはもはや考えられなかった。10分間にわたりロシア軍は、彼らが想定する出撃陣地を撃ち砕いた。

　……日中に渡河したハイトマン中尉指揮下のティーガー中隊は、ミハイロフカの敵の防御帯を突破することができなかった。ほとんどすべてのティーガーが壊れてしまったからだ」

　1943年7月6日、第503重戦車大隊長のカゲネック大尉は地雷に関する問題を次のように報告している——

「第3戦車軍団は、1943年7月5日に14両のティーガーで戦闘を開

125：行動不能となった第503重戦車大隊所属のティーガー（砲塔番号332）を、回収しようとしているところ。1943年7月。（IP）
附記：車長ハッチの裏側にあるクッションパッドやハッチのロックレバーの一部が欠損している。部品交換しないままなのか、邪魔なので外したのかは不明。

始したある中隊が13両のティーガーを失ったことを報告した。9両は地雷による損傷で戦列を離れてしまった。各車両の修理に2日ないし3日が必要なようであった。

地雷による損失が異常なまでに高い要因は……

1. 当初より、橋頭堡正面にドイツ軍部隊によって埋設されていた地雷の位置を明示した地図が1枚もなかった。完全に矛盾した2種の地雷原平面図を入手できたが、いずれも正確ではなかった。そのため、2両のティーガーが出発直後に友軍の地雷を踏んでしまったのだ。別の2両のティーガーはさらに前進するうちに、地図では地雷が無いと示されていた領域で地雷に触れてしまった。

2. 地雷撤去作業は杜撰で、その結果、地雷がないと想定されていた間隙路で3両のティーガーが戦線離脱することになった。そしてまたしても、7月6日朝に第74機甲擲弾兵連隊所属のトラック2両が、地雷除去済みと示された道路で地雷を踏んでしまった。この後、地図では地雷除去済みと示された地域から120個の地雷が取り除かれた。

3. 8両目のティーガーは、先行していた工兵によって誘導されたにもかかわらず敵陣正面方向に埋設されていた敵の地雷を踏んだ。

9両目のティーガーは、左翼の敵戦車による攻撃の報告を受け、これに対抗すべく陣地進出を試みていたとき地雷原に踏み込んでしまった。

当初の計画では、ティーガーは最前線にあって機甲擲弾兵と直接連携しつつ、工兵部隊の後ろから進むはずであったが、実際にはティーガーは歩兵の前に、そして工兵の前にさえ出てしまった。7月5日夕刻の時点で4両のティーガー戦車が歩兵部隊の正面50～80mに飛び出していた。

2、3日間のうちに8両のティーガーが不注意、あるいは戦術的誤用の結果、戦列から離れている。こうして、当該期間にティーガーは本来の任務である敵の戦車や重火器との戦闘が不可能となったのである」。

1943年7月8日、第503重戦車大隊長のカゲネック大尉はツィタデレ作戦当初の損害の原因について下記の報告をしている──
「7月5日、戦闘に39両のティーガーが投入され、さらに5両が7月6日に戦いに加わった。7月5日から8日にかけての期間中に計34両のティーガーが戦列を離れ、8時間を上回る修理を必要とした（7両は命中弾、16両は地雷による損傷、9両は技術的原因による故障）。全焼したティーガー2両は登録を抹消された。現時点で修理されたティーガーは22両。1943年7月8日1200時現在の状況は次のとお

りである：33両が戦闘可能、8両は中規模修理（8日間未満）を要し、2両は大修理（8日間以上）が必要であり、2両が全損として廃車にされた」。

　7月9日から同23日にかけての戦闘で第503大隊は（ドイツ側のデータによると）さらに5両のティーガーを失った。しかもそのうちの3両は7月22日にヴォロネジ方面軍とステップ方面軍の反攻攻勢が始まってからの損害である。これら3両のティーガーはこれより前に撃破されていた可能性もあるが、廃車にはなっていなかった。
　ティーガーが分遣された部隊の、戦場におけるティーガーの運用ぶりに不満を抱いていた第3戦車軍団長は1943年7月21日付で以下の指令を出した──
　「最近の戦闘の経験に基づき、ティーガー戦車と他の兵器との連携に関する行動指針書を発布する。
　1. 高性能の火器と強力な装甲を有している故に、ティーガーはまず第一に敵戦車および対戦車兵器に対して用いられるべきで、第二義として（それはあくまで例外的な状況として）歩兵に対して使用する。経験が示すとおり、ティーガーの主兵装は敵戦車を距離2,000m以上から破壊することが可能である。これは特に敵部隊の士気に強い影響を及ぼしている。強力な装甲は、敵弾による深刻な損傷を受けることなくして、敵戦車に接近することを可能にする。とはいえ、ティーガーは敵戦車との交戦開始には距離1,000m以上において使用すべきである。
　これをどの程度状況が許すか（最近の戦闘ではこれは可能だった）、ティーガーを使用する前に川向こうの浅瀬の有無や橋梁の積載可能重量、沼沢地内の進路について場所の偵察を実施しなければならない。中隊と小隊の指揮官、そしてまた戦車長は、後々擱座しないように戦車から降りて徒歩で場所の偵察をすることになっても驚いてはならない。このことは地雷による、避けることの出来る不必要な損害についても言える。他の種類の戦車を装備している部隊についても同様である。
　ティーガーのよく知られた弱点は砲塔左側のキューポラの位置にある。戦車長は戦車の右側のかなり広範な空間を視認することが出来ない。この空間に侵入してくる敵の対戦車部隊は大きな脅威である。それゆえ他の部隊はこの脅威からティーガーを守る必要性を認識していなければならない。
　半装軌式装甲兵員輸送車や突撃砲、軽および中戦車はティーガーの翼部（側方）を守り、成果を挙げるためにティーガーの直近を進むべきである。それらの主任務はティーガーへの随伴と、ティーガーにとって脅威となりうる対戦車兵器の破壊と歩兵集団の殲滅であ

126：工兵が設置した橋を伝って小川を渡ろうとする331号車。左手には川で立ち往生した別のティーガー（332号車）が見える。1943年7月。（IP）

る。擲弾兵は、ティーガーが敵陣突破の際に与える心理的効果を利用し、ティーガーの後ろに続いて敵の防御陣地を鎮圧していかねばならない。そうでなければ、戦車が通過した途端、敵は士気をとりなおして歩兵に対する抵抗を組織し、それが擲弾兵の無用な損失をもたらすことになるからだ。

ティーガーを駆逐戦車部隊から守る任務は装甲兵員輸送車や突撃砲、軽・中戦車のみならず、擲弾兵や攻撃を支援する工兵によっても遂行されるべきものである。ティーガーは通常、起伏に富む場所（森林、村落、雨溝など）で敵に"叩かれている"。

1943年7月5日の攻撃の際、軍団の担当地区において友軍地雷原に関する情報が不足していたため、友軍地雷を踏むことでティーガーの損失につながった。後には、敵の地雷原の除去が不充分であったためさらに数両のティーガーが破壊された。その結果ティーガー中隊は戦いの最初の段階においてほぼ完全に無能力な状態に陥ってしまった。師団の主攻撃方面におけるティーガーの損失は、その後の2日間の戦闘に大きな悪影響を及ぼした。

地雷原の中の進路を準備し、地図の中にそれらを正確に表示することに特別な意義を与えねばならない。攻撃する戦闘部隊は戦車の進路上の障害を除去するためだけではなく、地雷を除去するためにも充分な数の工兵を持つべきである——経験が示すとおり、敵の対

127

127：ティーガーの回収作業に加わるため移動する321号車。1943年7月。(ASKM)

附記：前後の状況からすると間違いなく回収、牽引に加わろうとしているのだが、どうも絵面からみると、スタンバイしようとしながら、あらぬ方向に車両が進んでしまったようにも思える。このままいけば321号車も牽引の対象になりかねないぎりぎりのところで停止したようにも見える。

戦車壕や防御陣地奥深くの村落への進入路は、決まって地雷が埋設されている。

　小官はティーガーを含む戦車の中隊レベルでの運用を禁ずる。防御任務において戦車は反撃を行なうための戦闘団に統合編成すべきである。反撃を実施した後はこれらの戦闘団はすぐに師団指揮所まで戻さねばならない。戦車を戦闘警備のために前線沿いに分散配置することは禁止する。

　指示書を読了後は破棄し、その旨報告すべきこと」。

　7月31日の時点で第503大隊に残っていた戦闘可能なティーガーの数は9両で、8月1日になるとわずか6両に減っていた。このように1943年の7月に大隊は7両の戦車、すなわち編成定数の約16％を全損として失ったのである。

「グロースドイッチュラント」師団重戦車中隊はベリョーゾヴイの西側の229.8高地地区で1943年7月5日0400時に戦闘に突入した。攻撃には3両のティーガーが参加した。7月6日から同14日の間に10両に上る重戦車がブートヴォ、スィルツェヴォ、ヴェルホペーニエ、ノヴォショーロフカ、ベリョーゾフカ、チャパーエフの各地で戦った。この時点で中隊に残っていた戦闘可能車両は5両であった。

　ドイツの新型重戦車の戦術に関して興味深い記述が、ソ連第1戦車軍付参謀本部将校のペトゥホフ少佐の報告書にある──
「10機旅［第10機械化旅団］の観測により、敵は43年7/6～7、戦車多数の印象を創出すべくT-6戦車の後ろにT-6戦車の模型2～3両分を連結しており、後者を我が砲兵が射撃したところ木片が飛散したことが確認された。後に敵はこの手法を放棄した。本件は総司令部予備第1212対戦車駆逐連隊の砲兵が報告」

　ただし、この文書自体が何についての報告だったのかはまだ特定できていない。
　1943年7月18日、「グロースドイッチュラント」師団部隊はティーガー中隊とともに、中央軍集団に対するソ連軍の進撃をストップさせるためにカラーチェフに転進させられ、8月4日には師団は再び南方軍集団の下にアハティルカ近郊に戻された。

128：スタックしたティーガーを回収するには少なくとも2両以上のティーガーを必要とした。第503重戦車大隊戦区、1943年7月。（ASKM）

8月8日に重戦車中隊の本部は、それまでの戦闘で6両のティーガーが全損となり、廃車にしたことを連絡している。しかし、これらの車両がどこで破壊されたのかについては何の情報も伝えられていない。8月10日の時点で中隊に残っていた戦闘可能な戦車はたったの1両で、8月14日には「グロースドイッチュラント」師団第3重戦車大隊の編成に組み込まれた。

　こうして、1943年の7月に第13戦車中隊は当初保有していた兵器の40％を失ったことになる。

　1943年8月5日から同6日にかけてアハティルカ郊外に到着した「グロースドイッチュラント」師団第3重戦車大隊は8月26日までの戦闘で、当初保有していた31両のうち5両、すなわち16％の車両を完全に失った。

　武装SS「ライプシュタンダルテ・アドルフ・ヒットラー」機甲擲弾兵師団重戦車中隊は1943年7月5日から同10日の間、ブイコフカ、トマーロフカ、ヤコヴレヴォ、ポクロフカ、ヴェショールイの地区で行動し、その際1両のティーガーが7月6日の夜戦の結果3両のT-34によって破壊された。

　有名なプローホロフカの戦いに参加した「ライプシュタンダルテ」中隊のティーガーはわずか4両に過ぎず、残る車両は損壊、故障していたのである。ここでの戦闘の過程で1両のティーガーがソ連戦車の射撃により破壊された。7月17日にはこの師団の重戦車中隊はベルゴロド地区に戻され（このときまでに5両の新品ティーガーが補充されていた）、同じく26日には「ライプシュタンダルテ」師団をイタリアに転戦させることに伴い、所有のティーガーは「ダス・ライヒ」と「トーテンコプフ」の両師団に引き渡された。

　武装SS「ダス・ライヒ」機甲擲弾兵師団のティーガーはトマーロフカ、ルチキー、ヤコヴレヴォ、ポクロフカの地区で7月5日から同20日にわたって行動し、その後はロゾヴァヤ〜バルヴェンコヴォの地区に移された。クルスク戦の中で「ダス・ライヒ」重戦車中隊は1両のティーガーを失った（7月11日）。

　同じく1両のティーガーを失ったのが、7月5日から同16日の間ルチキー、グレズノーエ、マヤチキーの地区で行動してた武装SS「トーテンコプフ」機甲擲弾兵師団重戦車中隊である。7月20日に中隊は「ダス・ライヒ」師団とともに前線の別の戦区に移された。

　このように、ツィタデレ作戦に参加したティーガーの損害が最も小さかったのは武装SS師団配下の中隊であった。筆者の見方では、それはこれらの師団がソ連軍の反攻攻勢が始まる前に前線から外されたことに関係しているようだ——これらの師団は、後で廃車処分にしたり修理することもできたような車両までも前線から運び去る余裕があったのである。

第7章

装甲と砲について
НЕМНОГО О БРОНЕ И ПУШКЕ

129：ソ連軍の将兵が鹵獲したパンターやティーガーを故障車両集積所で検分している。ティーガーは第503重戦車大隊に所属していたことが、垣間見える砲塔番号132から分かる。1943年7月〜8月。（ASKM）

　ティーガーの歴史に関する多くの著作の中では、その88mm砲の装甲貫徹能力と、ソ連軍の火砲に対する装甲の耐弾性能についてさまざまな異説が見受けられる。筆者はこの議論には入り込まず、次の2点のソ連軍文書に目を通してみることを提案したい——これらはクルスクで鹵獲されたティーガーを各種の砲で射撃したテストと、クルスク戦の前にすでに鹵獲されていたティーガーでT-34中戦車とKV重戦車を射撃したテストに関するものである。これらの文書が興味深いのは、射撃が実際の戦闘用砲弾を使って実際の距離から行なわれており、演習場でしばしば行なわれていたような一定距離からの装薬の量を調整したテストではない点である。それでは、最初の文書を見よう——

結論
　88mmドイツ戦車砲の徹甲弾はKV-1とT-34の車体前面装甲板を距

**機甲科学研究所試射場で実施した88mmドイツ戦車砲によるT-34およびKV戦車射撃テストに関する報告。
1943年5月12日。**

表1. 距離1,500mからの88mmティーガー戦車砲によるT-34戦車車体射撃結果*

戦車の装甲板	砲弾	装甲厚(mm)	傾斜角度(°)	入射角(°)	装甲の破壊状況
砲塔リング	徹甲弾	16	0	70	リングを貫通、砲塔は基部から外れ、砲塔のスカート部には長さ130mmの完全なるひび割れが入った
前面装甲板	徹甲弾	45	40	70	装甲に穴が開き、操縦手ハッチが外れ、装甲に長さ160〜170mmの亀裂が走り、砲弾は跳弾した
先端部	徹甲弾	45	10	70	貫通弾痕が形成され、砲弾射入口の直径は160mm×90mm、装甲には長さ40mm、130mm、160mmの亀裂が入り、溶接部分のそれは長さ300mmに及んだ
先端梁部	徹甲弾	140	0	75	貫通弾痕が形成され、射入口の直径90mm×90mm、射出口の直径は200mm×100mm、溶接部分の亀裂は210mmと220mm
前面装甲板	榴弾	45	40	70	小さなくぼみができ、前面装甲板と側面装甲板を固定部の左側面全体が破壊された

※KV-1に対する射撃結果の表は掲載していないが、より大きな装甲厚にもかかわらずT-34の破壊状況と似ている。

離1,500mから貫徹する。

　88mmドイツ戦車砲の榴弾はKV-1とT-34の車体装甲の溶接部分を大きく破壊はせず、戦車の機能を喪失させることもできない。

　［ソ連］国産の85mm高射砲による徹甲弾の装甲貫徹能力は、ドイツ88mm戦車砲で距離1,500mから発射した徹甲弾の装甲貫徹能力に近づいている。

　85mm砲で徹甲弾を距離1,500mから75mm厚の装甲に対し射撃した場合、砲弾が装甲の表面で早くも炸裂し、時に直径100mm、深さ35mmの窪みを形成することがある。

130：第503重戦車大隊第1中隊所属のティーガーはモスクワ市のゴーリキー記念中央文化保養公園の戦利兵器展に出展された。1943年秋。（ASKM）
附記：前ページおよび120〜121ページ掲載の車両と同一。

130

Немецкий танк T-VI и борьба с ним

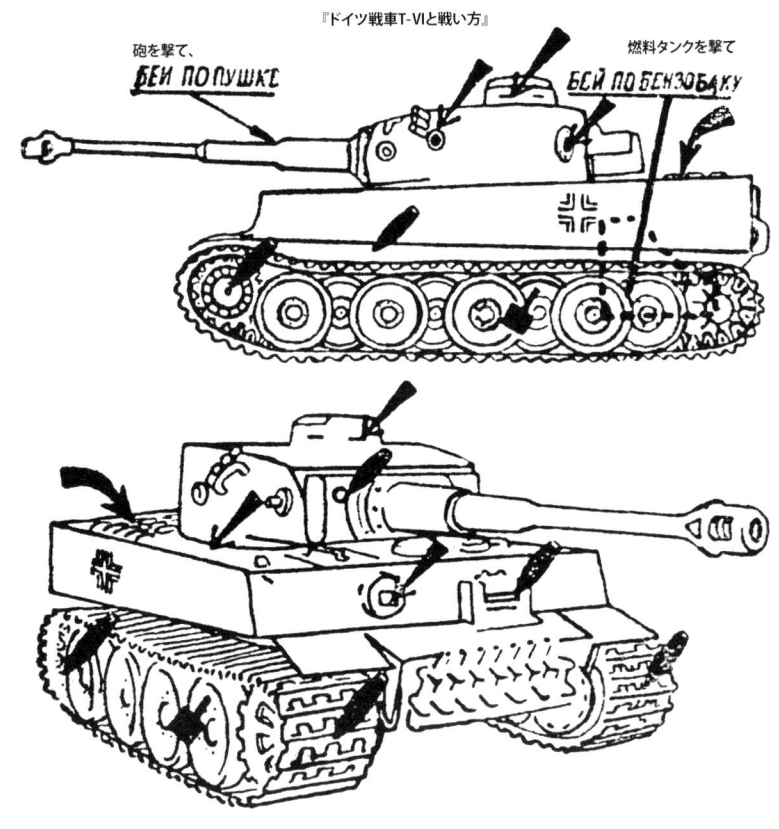

『ドイツ戦車T-VIと戦い方』

砲を撃て、
БЕЙ ПО ПУШКЕ

燃料タンクを撃て
БЕЙ ПО БЕНЗОБАКУ

УСЛОВНЫЕ ОБОЗНАЧЕНИЯ: 凡例

Стреляй из всех видов оружия.
あらゆる火器で撃て、

Забрасывай бутылками с горючей жидкостью.
火炎瓶を投擲せよ、

Стреляй из пушек всех калибров.
あらゆる口径の砲で射撃せよ、

Бей противотанковой гранатой.
対戦車手榴弾を投擲せよ

上および次ページ：1943年～1945年に赤軍将兵のために発行されていた多数の対ティーガー戦法を教授する手引書のうちの2種。『ドイツIV号戦車——"ティーガー"とその対戦法』。イラストからティーガーであるのは歴然としている。（ASKM）

НЕМЕЦКИЙ ТАНК Т-IV — „ТИГР" И МЕТОДЫ БОРЬБЫ С НИМ

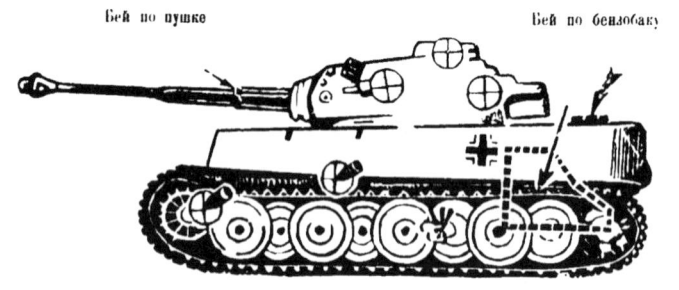

Танк Т-IV — „Тигр". Кружки с перекрестием показывают, куда надо бить снарядами. Жирной стрелкой показано, куда надо бросать бутылки с горючей смесью, гранаты, чтобы поджечь танк.

ВООРУЖЕНИЕ ТАНКА

Немецкий танк „Тигр" имеет длинноствольную (4700 мм.) пушку, калибром 88 мм. с боекомплектом в 80 снарядов к ней и два пулемета (калибр 7,96 мм.), один из них спарен с пушкой и может вести огонь только в направлении ее ствола. Другой поставлен на шарнирной установке перед сиденьем стрелка-радиста. Зная это, боец может определить откуда лучше зайти к танку, чтобы не попасть под его огонь. Если, например, ствол пушки, а следовательно и спаренный с ней пулемет, направлен вперед, значит безопасно приближаться к танку с боков и сзади.

БРОНЕВАЯ ЗАЩИТА

Лобовой верхний и нижний листы брони толщиной в 110 мм. Лобовой наклонный и нижний бортовой 62 мм. Листы брони — верхний бортовой, кормовой и башни (основной) имеют толщину 82 мм. Крыша башни и днище танка — 28 мм.

УЯЗВИМЫЕ МЕСТА

Массированный огонь из пехотного оружия по смотровым щелям ослепляет экипаж танка, выводит из строя смотровые приборы, танк не может вести прицельный огонь.

Особо уязвимое место - передние ведущие колеса. Их можно вывести из строя любым бронебойным или осколочно-фугасным снарядом.

Опорные катки разрушаются от взрыва противотанковой гранаты или противотанковой мины.

В задней части, возле бортов расположены бензиновые баки, между ними двигатель. Попаданием бронебойного или подкалиберного снаряда в нижний бортовой лист можно зажечь танк.

Надо бить подкалиберным и по верхнему боевому листу, за которым внутри машины уложены снаряды. Танк загорится и взорвется.

Сзади башни танка, над воздухопритоком и вентиляторами, расположены решетки (жалюзи). Передний воздухоприток находится между люками водителя и стрелка-радиста. Бросай в решетки бутылки с горючей жидкостью, противотанковые гранаты. Вентиляторы выйдут из строя, танк загорится.

Фугасные и бронебойные снаряды выводят из строя командирскую башенку, а если с дистанции 500 метров и ближе в основную башню попасть подкалиберным снарядом — будет поражен экипаж и механизм.

Издание газеты „Вперед" Зак. № 25

『ドイツⅥ号戦車───"ティーガー"と その対戦法』

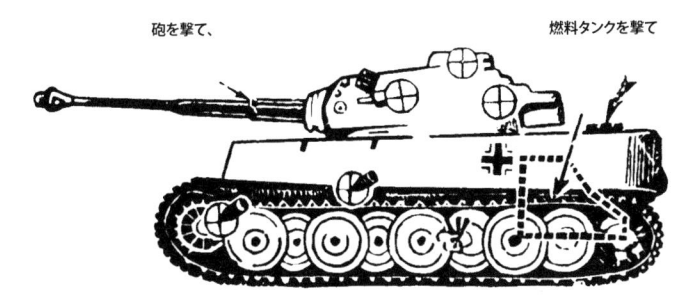

砲を撃て、　　　　　　　　　　　　燃料タンクを撃て

・T-Ⅵ戦車───"ティーガー"。十字入り円盤は砲弾を撃ちこむべき箇所、太い矢印は戦車に放火するために火炎瓶や手榴弾を投擲すべき箇所を示している。

戦車の武装

　ドイツ戦車ティーガーは口径88mmの長砲身砲（4,700mm）を有し、その弾薬基数は80発である。また機銃（口径7.96mm 原文ママ）は2挺あり、そのうち1挺は砲に連結されており、砲身の方向にのみ射撃を行なうことができる。別の機銃は機銃手兼通信手席の前方にあるボールマウントに設置されている。これを知っている戦士は戦車の射撃にさらされずに、どこから戦車に接近するのがよいかが分かる。例えば、砲身が、したがってそれに連結された機銃が前方を向いていれば、戦車には側面や背後から接近するのが安全ということになる。

装甲防御

　前面の上部および下部装甲板の厚さは110*mmである。前面の傾斜装甲板と側面装甲板は62*mmである。上部側面と尾部、(主) 砲塔の装甲厚は82*mmである。砲塔天井と戦車の車底は28*mmである。
※監修者註：この数字はソ連が鹵獲した車両の装甲を実測したものであり、ドイツ側の製造規格値とは異なっている。110mmとある部分は100mm、62mmは60mm、82mmは80mm、28mmは25mmが装甲鋼板の規格厚寸法で、規格精度許容誤差は＋5％とされた（マイナス方向の誤差は認められない）。したがって、正面装甲の110、天井・底部の28という数字は明らかに規格許容範囲を超えている。規格外の厚さは車体重量超過に直結するため、このような許容範囲逸脱があったとは考えにくいが、実態は不明である

弱点

　歩兵火器による視察孔に対する集中射撃は戦車乗員を盲目にさせ、視察装置を壊し、戦車は照準射撃を行なうことができなくなる。
　特に弱い箇所は前方の起動輪である。それらはどの徹甲弾でも榴弾でも破壊することが可能だ。
　転輪は対戦車手榴弾や対戦車地雷の爆発によって破壊される。
　後部の側面付近に燃料タンクがあり、それらの間にエンジンがある。徹甲弾または硬心徹甲弾が下部側面装甲板に命中すれば戦車を炎上させることができる。
　硬心徹甲弾は、内側に砲弾が収納されている上部側面装甲にも撃ち込まねばならない。戦車は炎上、爆発するであろう。
　戦車砲塔の背後、吸気口と換気装置の上には格子がある。前方の吸気口は操縦手ハッチと機銃手兼通信手ハッチの間にある。格子に火炎瓶や対戦車手榴弾を投擲せよ。換気装置は故障し、戦車は炎上するだろう。
　榴弾と徹甲弾は車長キューポラを破壊し、距離500m以内で硬心徹甲弾が主砲塔に命中すれば乗員と機構に壊滅的打撃を与えうるであろう。

131

131：132号車の斜め後方。1943年秋。（ASKM）

　KV-1戦車の車体の装甲と溶接部分はT-34戦車の車体よりも砲弾着弾時の損壊の程度がより小さい。

総括
　T-Ⅵ戦車に搭載されたドイツ88㎜戦車砲の徹甲弾は、KV-1戦車とT-34戦車の車体前面を距離1,500mから貫通する。
　T-34戦車の車体前面装甲板に着弾した場合、砲弾は跳弾するが、装甲には穴を穿つ。
　［ソ連］国産85㎜高射砲の戦闘性能はドイツ88㎜戦車砲に近づいており、ドイツ戦車T-Ⅵとの戦闘に使用可能である。
　KV-1戦車とT-34戦車の装甲車体の耐弾性能を上げるためには、装甲と溶接部分の品質を向上させる必要がある」

　次にもう一つの文書に目を移そう——
「1943年7月20日〜21日に実施のT-Ⅵ戦車に対する第9戦車軍団の砲兵テスト射撃に関する報告
　我が部隊が撃破したティーガー戦車を戦場でテストした。戦車に対する射撃には37㎜小口径高射砲、45㎜砲、76㎜砲、85㎜砲の射撃班が呼ばれた。射撃は、不動の戦車に対して上記すべての砲から徹甲弾と硬心徹甲弾を使い、戦車が正面および左右方向に進む体勢で行なわれた。

結果

戦車の前面装甲に対する射撃では距離200mまでの射撃に使用されたすべての砲の砲弾は、どれ一つとして装甲を貫徹しなかった。

距離400m以内から発射の45㎜および76㎜砲弾は武装の機能を奪い、砲塔をつかえさせる。距離400mからの85㎜徹甲弾は装甲に侵徹し、最大12㎝の深さで停弾。

戦車の脇（側面）を射撃する場合、37㎜砲弾はこれを貫徹することはできず、小さな窪みを形成するのみで、転輪と履帯は距離300〜400mから貫通する。

45㎜硬心徹甲弾は距離200m以内から側面も砲塔も装甲を貫徹するが、徹甲弾は装甲を貫徹しない。

76㎜徹甲弾はいかなる距離からも装甲を破ることはできず、砲塔をつかえさせ、側面装甲に深さ30〜40㎜の窪みを作るのみである。硬心徹甲弾は距離400m以内で装甲を貫徹する。

85㎜徹甲弾は距離1,200m以内で側面、砲塔ともに装甲を貫徹する。

結論

T-Ⅵに対する対戦車防御を組織する際には翼部からの砲撃を考慮した防御の構築が必要である。対戦車砲の任務は、76㎜砲と85㎜

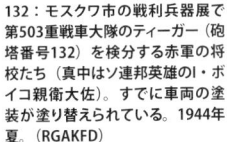

132：モスクワ市の戦利兵器展で第503重戦車大隊のティーガー（砲塔番号132）を検分する赤軍の将校たち（真中はソ連邦英雄のI・ボイコ親衛大佐）。すでに車両の塗装が塗り替えられている。1944年夏。（RGAKFD）

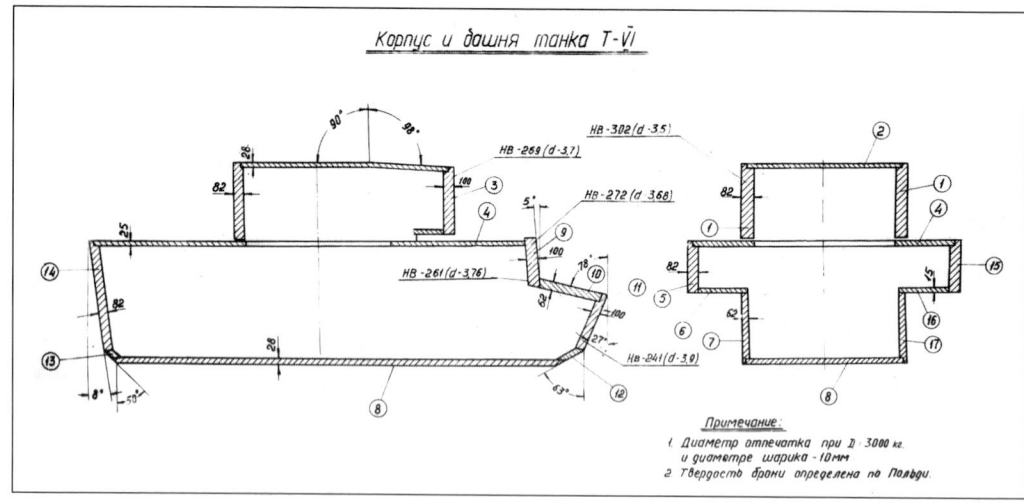

79：クルスク戦で撃破された車両を調査して作成されたティーガーの車体装甲図面。装甲の厚みと角度、強度が示されている。(ASKM)
附記：各装甲厚がドイツ側のカタログデータと異なった数字があるのは、ソ連の実測値が記入されているため。またHBのあとに続く数字は装甲の硬さ（ブリネル硬さ）を表す。

砲による直接照準射撃（76mm砲は硬心徹甲弾で射撃）のために近距離までティーガーを通過させ、もし可能ならばこれを翼部から射撃し、側面装甲に命中させるように努める」。

　本書の締めくくりに次の点を補足しておきたい。弾頭部分が扁平な85mm徹甲弾の生産は1944年初頭まで続き、その後はより高い装甲貫徹能力を持つ、弾頭の尖った新型徹甲弾の製造に切り替えられた。この尖頭徹甲弾こそがT-34/85戦車の搭載弾薬に含まれていたのである。さらにまた、1944年の春ごろからドイツ戦車の装甲は合金素材の不足が原因で弱くなっていく。この要素は1944年の春、夏ごろからあらゆるソ連軍の報告書の中で指摘されていく。しかしそれまでの間、戦争は半年も続いており、当時はティーガー戦車との戦いは砲兵射撃班と戦車乗員たちに大きな勇気と技能を要求する非常に難しい任務であった。そして彼らはしばしば大きな代償を払いつつもこの任務を果たし、ソ連の勝利を近づけたのである。

133：距離1,500mからティーガーの88mm砲でT-34戦車を射撃した結果を示す。命中した砲弾が数字で示されている。本文中の表を参照。(ASKM)

134：前面装甲板への徹甲弾の命中痕。穿たれた孔の径は80mm×105mm、装甲に入ったひびは160mm〜170mm、部分的に装甲板表面の剥離が見られた。操縦手ハッチは吹き飛ばされ、砲弾は跳ね返って砲塔に当たった。(ASKM)

参考文献および資料出所

第2部は国防省中央資料館、ロシア国立経済資料館、ドイツ連邦公文書館（ブンデスアルヒーフ）の資料を参考にし、写真はロシア国立映画写真資料館（RGAKFD）、ブンデスアルヒーフ（BA）、またI・ペレヤスラーフツェフ（IP）、J・マグヌスキー（JM）各氏、それにストラテーギヤKM社が所蔵する写真を使用。

133

134

[著者]
マクシム・コロミーエツ
1968年モスクワ市生まれ。1994年にバウマン記念モスクワ高等技術学校(現バウマン記念国立モスクワ工科大学)を卒業後、ロシア中央軍事博物館に研究員として在籍。1997年からはロシアの人気戦車専門誌『タンコマーステル』の編集員も務め、装甲兵器の発達、実戦記録に関する記事の執筆も担当。2000年には自ら出版社「ストラテーギヤKM」を起こし、第二次大戦時の独ソ装甲兵器を中心テーマとする『フロントヴァヤ・イリュストラーツィヤ』誌を定期刊行中。最近まで内外に閉ざされていたソ連側資料を駆使して、独ソ戦の実像に迫ろうとしている。著書、『バラトン湖の戦い』は小社から邦訳出版され、『アーマーモデリング』誌にも記事を寄稿、その他著書、記事多数。

[翻訳]
小松徳仁（こまつのりひと）
1966年福岡県生まれ。1991年九州大学法学部卒業後、製紙メーカーに勤務。学生時代から興味のあったロシアへの留学を志し、1994年に渡露。2000年にロシア科学アカデミー社会学・政治学研究所付属大学院を中退後、フリーランスのロシア語通訳・翻訳者として現在に至る。訳書には『バラトン湖の戦い』、『モスクワ上空の戦い』(いずれも小社刊)などがある。

[監修]
大里　元（おおさとはじめ）
大阪市生まれ。京都市立芸術大学日本画科卒。学生時代から興味のあった模型関連業種を志し上京。某出版社編集、模型雑誌ライター、造形工房を経てフリーランスに。これといった代表作もないまま今日に至る。ティーガーの作図を行なう場合は"大河一滴斎"、ティーガー・バリエーションは"大河一滴内"、関係ないもののときは"大河一滴外"のペンネームを用いるも定着せず。

独ソ戦車戦シリーズ 15

東部戦線のティーガー
ロストフ、そしてクルスクへ

発行日	2010年11月14日　初版第1刷	
著者	マクシム・コロミーエツ	
翻訳	小松徳仁	
監修	大里　元	
発行者	小川光二	
発行所	株式会社 大日本絵画	
	〒101-0054　東京都千代田区神田錦町1丁目7番地	
	tel. 03-3294-7861（代表）　http://www.kaiga.co.jp	
企画・編集	株式会社 アートボックス	
	tel. 03-6820-7000　fax. 03-5281-8467	
	http://www.modelkasten.com	
装丁	八木八重子	
DTP	小野寺徹	
印刷・製本	大日本印刷株式会社	
ISBN978-4-499-23034-6 C0076		

販売に関するお問い合わせ先：03(3294)7861　　㈱大日本絵画
内容に関するお問い合わせ先：03(6820)7000　　㈱アートボックス

ФРОНТОВАЯ
ИЛЛЮСТРАЦИЯ
FRONTLINE ILLUSTRATION

ПЕРВЫЕ «ТИГРЫ»

«ТИГРЫ» НА ВОСТОЧНОМ ФРОНТЕ
(от Ростова до Курской дуги)

by Максим КОЛОМИЕЦ

©Стратегия КМ 2002、2007

Japanese edition published in 2010
Translated by Norihito KOMATSU
Publisher DAINIPPON KAIGA Co.,Ltd.
Kanda Nishikicho 1-7,Chiyoda-ku,Tokyo
101-0054 Japan
©2010 DAINIPPON KAIGA Co.,Ltd.
Norihito KOMATSU
Printed in Japan